KB264213

패션 기업의 @인터넷 도입과 혁신

이은진 지음

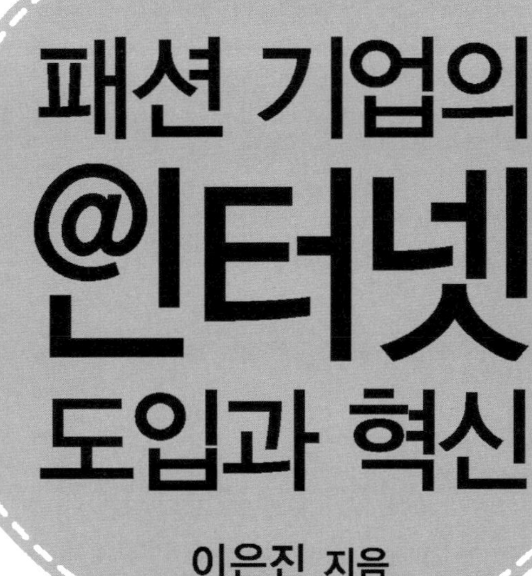

패션 기업의 @인터넷 도입과 혁신

이은진 지음

한국학술정보(주)

|머 리 말|

최근 들어 패션 기업의 인터넷 투자와 관심이 늘고 있지만, 인터넷 비즈니스에 대한 충분한 이해와 수익 모델을 수립하지 않고 진출하는 경우가 많아 인터넷 도입에 따른 가시적인 효과가 나타나지 않고 있다. 그로 인해 마케팅 및 상거래 도구의 일환으로 인터넷을 도입할 것인가, 도입하지 않을 것인가가 패션 기업의 전략적 선택 과제로 부각되고 있다. 이러한 시점에서 본 책은 패션 기업의 인터넷 도입 결정 요인이 무엇인지를 확인하고, 패션 기업의 어떠한 특성이 인터넷 혁신도입에 영향을 미치는지를 밝힘으로써 패션 분야의 인터넷 연구에 새로운 방향을 제시하고자 하였다.

이 책은 이론적 고찰과 실증 연구의 두 가지 방법을 수행하였고, 전체 5장으로 구성하였다. 제1장은 연구의 개요로서, 연구의 필요성을 이끌기 위한 문제를 제기하고, 연구 목적 및 의의, 연구의 구성을 제시하였다. 제2장은 문헌 연구를 통하여 패션 기업의 인터넷 도입현황을 거론하고, 본 연구의 주요 개념인 인터넷 혁신이론과 이와 관련된 선행연구를 검토하였으며, 인터넷 혁신도입에 영향을 미치는 선행변수에 관하여 살펴보았다. 제3장은 실증연구를 위한 연구문제 및 연구가설을 밝히고, 연구모형과 변수의 조작적 정의 및 측정, 자료수집 및 분석방법을 제시하였다. 제4장은 연구대상의 특성과 패션 기업의 인터넷 도입현황을 밝히고, 설정된 가설에 따라 변인들의 관계를 검증하였으며, 연구 결과를 해석, 논의하였다. 제5장은 연구의 결과를 요약하고, 연구의 학문적 기여점 및 마케팅 시사점을 제시하면서 연구의 한계에 따른 후속 연구방향을 제언하였다.

패션 기업의 인터넷 도입과 혁신에 관한 책이 나오기까지 많은 분들의 격려와 도움이 있었다. 먼저 책의 저술 기회를 제공한 한국학술진흥재단과 담당자님, 전체적인 기획에 도움을 주신 김종욱 님, 한국학술정보(주)의 강태우 님, 중앙대학교 연구지원과의 권용예 선생님께 감사드린다. 그리고 설문조사에 적극적으로 응해 주신 패션 기업의 담당자님들과 설문조사에 도움을 준 후배들에게 감사하는 마음이다.

밤을 지새우며 연구한 저자의 노력이 한 권의 책으로 빛을 발하길 진심으로 바라며, 하늘에 계신 부모님과 가족들, 사랑스런 아들에게 이 책을 바친다.

2008년 아름다운 4월에

이 은 진

이 저서는 2006년도 정부(교육인적자원부)의 재원으로 한국학술진흥재단의 지원을 받아 수행된 연구임(KRF-2006-353-C00071).

|목 차|

제1장

연구개요

제1절 문제의 제기

제1차 유통혁명이 백화점의 출현에 이은 현대적 유통채널의 등장, 제2차 유통혁명이 가격파괴를 기치로 한 할인점의 등장으로 촉발된 업태 간 경쟁을 말한다면, '제3차 유통혁명'으로 불리는 신유통 트렌드는 온라인 영역의 도입과 디지털 기술의 활용으로 유통부문에 정보화 개념이 도입된 것이다. 여기에는 B2B와 B2C를 포함한 인터넷 기반의 전자상거래, 모바일 기기에 의한 M-commerce, TV홈쇼핑 및 T-commerce, 오프라인 유통업체의 온라인 강화를 통한 프로세스 혁신 등이 포함된다. 인터넷 기반의 디지털 경제 확산은 소비자의 라이프스타일을 바꿔놓고 있으며, 이는 소비자 구매행태의 변화로 연결될 뿐 아니라 인터넷 유통시장의 급속한 확대에 일조하고 있다 (한국유통학회, 2006).

인터넷쇼핑이 전체 소매 유통시장에서 차지하는 비중은 2000년 2% 에서 2005년 15%로 상승해 할인점(35%), 백화점(25%)에 이어 인터넷쇼핑은 소비자의 대중적인 쇼핑방식으로 자리잡았다. 이처럼 인터넷 시장이 확대된 이유는 기존 유통채널의 문제점인 지역적인 한계를 극복하고, 인터넷 쇼핑몰을 통해 제공되는 상품의 수가 많으며, 반품과 교환, 환불, A / S 등의 서비스가 용이하다는 점에 기인한다. 또한 온라인과 오프라인을 병행하는 소매 기업의 증가가 두드러져 패션 유통시장의 멀티채널(multi-channel)화가 진전되고 있는데, 그 주요 동인은 최근 몇 년간 등장한 뉴미디어와 신규 판매망, 그리고 패션소비자의 소비행태 변화에 있다. 인터넷 쇼핑채널은 주로 오프라인 채널로부터 소비자전환이 이루어지고 있으며, 인터넷 패션소비자들의 충성구입비율이 타 채널보다 높아 패션 기업에서는 인터넷 유통채널의 적극적인 활용방안을 고려하고 있다(이은진, 2007; 홍동표 외, 2004).

인터넷 등장 이후 패션산업의 가장 큰 변화는 인터넷을 마케팅도구로 활용하는 기업이 늘고 제조업체에서 소비자로의 직접 판매가 증가하고 있다는 사실이다. 그 이유는 인터넷상에서 전 세계 소비자를 대상으로 기업 및 상품에 대한 정보를 제공하고, DB마케팅을 통한 고객과의 관계향상을 도모함으로써 기업 인지도 및 고객 충성도를 높임과 동시에 중간 유통단계를 거치지 않고 소비자에게 직접 판매가 가능하여 상거래 비용을 절감할 수 있기 때문이다. 그러나 패션유통은 대리점제가 발달해 대리점주에게 일정 지역의 판매권을 부여하고 있어 패션 제조업체에서 인터넷 사업을 통해 독립적인 유통채널을 확보하기란 결코 쉽지 않다. 이에 따라 패션 기업의 인터넷 도입이 타 산업군에 비하여 비교적 저조한 것으로 평가되고 있지만, 최근 들어 인터넷 상거래의 활성화로 인하여 유통의 중심이 오프라인에서 온라인으로 이동하면서 인터넷 상거래를 도입하거나 준비 중에 있는 패션 기업이 증가일로에 있다.

패션 기업에서 인터넷을 마케팅 도구로 활용하거나 전자상거래 유통채널을 도입하는 것은 기업의 업무흐름에 변화를 초래하고 새로운 정보기술을 수용한다는 점에서 혁신의 차원에서 이해할 수 있다. Rogers(1983)는 혁신을 '새로운 기술 및 아이디어, 제품 등의 도입'으로 정의하면서 혁신의 특성이 혁신의 채택은 물론 수용, 혁신의 확산에까지 영향을 미친다고 하였고, 혁신의 범위를 좁혀 기술혁신의 관점에서 정의한 Tornatzky, Fleischer(1990)는 기업의 기술혁신 도입프로세스에 영향을 미치는 요인으로 외부환경 상황과 기술상황, 조직상황을 거론하였다. 기술적인 변화 혹은 기술적인 단절(discontinuity)과 비슷한 개념으로 사용되고 있는 혁신에 관해서는 경영학과 경제학, 사회학, 행정학 등 다양한 분야에서 활발하게 연구되고 있으며, 인터넷이라는 새로운 기술이 도입되면서 기업의 인터넷 비즈니스 연구에도 적용되고 있다.

지금까지 혁신에 대한 기존 연구는 혁신이론을 바탕으로 한 응용연구가 주를 이루며, 1990년대 이후 정보기술의 성공적인 도입에 관심을 둔 연구자들을 중심으로 학계의 주요 관심사가 되어 왔다. 최근에는 기업의 인터넷 상거래 도입 결정요인에 관한 연구가 활성화되고 있는데, 이들 연구(예, 서창교, 이형석, 2000; 안중호, 김용영, 1999; 이만교, 2002; 지성구, 2003; Ketting & Hackbarth, 1997; Tan & Teo, 1998; Yu, 2007)에서는 기업의 내·외부 환경이나 조직특성, 기술준비도, 지각된 이점 및 장애 등과 같은 요인이 기업의 인터넷 상거래 도입에 어떠한 영향을 미치는가에 초점을 두고 있다. 보다 구체

적으로 내·외부 압력, 시장 불확실성 등과 같은 환경특성, 최고경영
층의 지원과 조직역량 및 규모, 미래시장지향성 등을 포함한 조직특
성, 인터넷 상거래 도입으로 인한 지각된 이익 및 장애요인 등을 언
급하였다. 그러나 혁신 연구의 경우 기술적인 측면에 치우쳐 있고
일부 산업분야의 기업을 대상으로 하고 있어 그 결과를 패션 기업으
로 확대하기에는 무리가 있다.

한편, 패션 분야에서 인터넷과 관련된 연구의 대부분은 인터넷 패
션 소비자들의 쇼핑행동이 기존 유통채널과 다를 것으로 보고, 다양
한 측면에서 이들의 쇼핑행위에 대한 논의가 이루어지고 있다. 이에
비해 패션 기업의 관점에서 수행된 연구는 인터넷 쇼핑몰에 입점한
패션 브랜드의 성공제품이나 사이즈체계에 대한 조사(김선숙, 2005;
서추연, 2004), 패션 브랜드 홈페이지의 커뮤니티 현황 또는 브랜드
컨셉에 관한 연구(김정림, 김영인, 2003; 장유정, 박재옥, 이구혜, 2003)
등이 있으며, 패션 기업이 인터넷을 마케팅이나 상거래 도구로 도입
하여 활용하는 것을 혁신의 차원에서 분석한 연구는 전혀 없다. 뿐
만 아니라 인터넷 마케팅 분야의 혁신연구에서도 기존 오프라인 기
업이 경로 전략의 일환으로 인터넷 상거래를 채택하는 상황에 대한
연구는 매우 제한적이며, 거래 형태에 대한 구분조차 모호한 경우가
많아 결과 해석에 상당한 왜곡을 초래할 수 있다.

따라서 본 연구는 패션 기업이 인터넷을 마케팅 혹은 상거래 도
구의 하나로 도입하는 것을 혁신의 관점에서 파악하면서 거래 형태
의 명확한 구분은 물론 패션 기업의 특수성을 고려하여 연구하고자
한다. 특히 패션 기업의 인터넷 도입의 결정 요인이 무엇인지를 확

인하고, 패션 기업의 어떠한 특성이 인터넷 혁신도입에 영향을 미치는지를 분석함으로써 패션 기업의 인터넷 활용에 관한 시사점을 제공하고자 한다.

제2절 연구의 목적 및 구성

본 연구는 패션 기업의 인터넷 도입현황을 알아보고, 인터넷을 마케팅 혹은 상거래 도구로 도입하는 결정요인을 규명하며, 이러한 결정요인이 패션 기업에서 인터넷을 혁신적으로 도입하는 데 어떤 영향을 미치는지를 분석하고자 한다. 또한 패션 기업을 인터넷 상거래 도입 여부에 따라 세분화하여, 이들 기업 간의 결정요인에 어떠한 차이가 있는지를 밝히고자 한다. 본 연구의 구체적인 목적은 다음과 같다.

첫째, 패션 기업의 인터넷 도입현황에 대하여 알아본다. 이를 위해 선행 연구와 통계 자료, 인터넷 자료 등을 통하여 패션 기업별로 인터넷을 얼마나 도입하였는지, 어느 정도 활용하고 있는지를 확인하고, 패션 기업을 대상으로 직접 조사를 실시하여 인터넷 도입현황을 분석한다.

둘째, 패션 기업에서 인터넷을 마케팅 혹은 상거래 도구로 활용하는 결정요인을 규명한다. 특히 패션 기업에서 인터넷을 도입하면서 인지할 수 있는 이점과 장애요인, 최고경영층의 지원, 조직역량, 조직의 미래지향성 및 대내외적 압력에 관하여 알아봄으로써 패션 기업의 인터넷 도입 연구에 혁신 이론의 적용 가능 여부를 검토한다.

셋째, 환경특성과 조직특성, 지각된 이점 및 장애요인이 패션 기업의 인터넷 혁신도입에 미치는 영향을 확인하고, 패션 기업의 인터넷 상거래 도입 여부, 즉 인터넷 상거래를 도입하였는가, 도입하지 않았는가에 따라 인터넷 도입 결정요인의 차이를 분석한다. 이를 통하여 패션 기업의 어떠한 특성이 인터넷 혁신도입의 영향요인인지를 밝히고, 인터넷을 마케팅 혹은 상거래 도구로 활용하기 위한 패션 기업의 혁신특성을 이해한다.

이와 같은 연구목적을 달성하기 위하여 본 연구는 전체 5장으로 구성되어 있다. 제1장은 연구의 개요로서, 연구의 필요성을 이끌기 위한 문제를 제기하고, 연구 목적 및 의의, 연구의 구성을 제시하였다. 제2장은 문헌 연구를 통하여 패션 기업의 인터넷 도입현황을 거론하고, 본 연구의 주요 개념인 인터넷 혁신이론과 이와 관련된 선행연구를 검토하였으며, 인터넷 혁신도입에 영향을 미치는 선행변수에 관하여 살펴보았다. 제3장은 실증연구를 위한 연구문제 및 연구가설을 밝히고, 연구모형과 변수의 조작적 정의 및 측정, 자료수집 및 분석방법 등을 제시하였다. 제4장은 연구대상의 특성과 패션 기업의 인터넷 도입현황을 밝히고, 설정된 가설에 따라 변인들의 관계를 검증하였으며, 연구 결과를 해석, 논의하였다. 제5장은 연구의 결

과를 요약하고, 연구의 학문적 기여점 및 마케팅 시사점을 제시하면
서 연구의 한계에 따른 후속 연구방향을 제언하였다.

본 연구는 소비자 관점에서가 아니라 패션 기업의 측면에서 인터
넷 연구를 실시한 점에서 기존의 패션 연구들과 차별화되며, 경영학
및 인터넷 마케팅 분야의 혁신 이론을 활용하여 이를 패션 분야에
적용시킨다는 점에서 학문적인 의의가 있다.

제2장

패션 기업의 인터넷 도입과 혁신

제1절 패션 기업의 인터넷 도입

패션상품의 인터넷 상거래가 급증하면서 인터넷 비즈니스에 대한 패션 기업의 투자와 관심이 늘고 있다. 그러나 인터넷 비즈니스에 대한 충분한 이해와 수익 모델을 수립하지 않고 진출하는 경우가 많아 인터넷 도입에 따른 효과가 가시적으로 나타나지 않고 있다. 그로 인해 새로운 마케팅 및 상거래 도구의 일환으로 인터넷을 도입할 것인가, 도입하지 않을 것인가가 패션 기업의 중요한 전략적 선택 과제로 부각되고 있다. 이러한 시점에서 패션 산업의 인터넷 성장배경을 알아보고, 패션 기업의 인터넷 도입현황과 이와 관련된 선행연구를 살펴보고자 한다.

1. 패션 산업의 인터넷 성장배경

패션상품의 대부분은 대리점, 백화점, 전문점 및 재래시장 등을 통해 유통되고 있으나, 디지털 기술의 도입에 따른 제3차 유통혁명에 진입하면서 인터넷을 통한 판매가 급증하고 있다. 패션 산업에서 인터넷이 성장한 배경으로 인터넷 상거래의 활성화, 인터넷에서의 패션상품 구매율 증가 및 패션소비자의 구매태도 변화 등을 들 수 있다. 인터넷 상거래의 성장규모와 관련된 통계청의 조사에 의하면, 2006년 인터넷쇼핑 거래규모가 13조 4,596억 원으로 2005년 10조 6,756억 원 대비 26.1% 증가했고, 사업자 수도 1997년 79개에서 57.4배 늘어난 4,531개인 것으로 밝혀졌다.

상품군별 구성비는 <표 1>과 같이 2006년 11월 기준으로 의류 / 패션관련 상품(20.3%), 가전 / 전자 / 통신기기(16.2%), 여행 및 예약서비스(13.5%), 생활용품 / 자동차용품(9.9%), 컴퓨터 및 주변기기(8.9%) 등의 순이었으며, 전년 동월 구성비와 비교하여 의류 / 패션관련 상품은 1.7%, 아동 / 유아용품은 1.0% 증가하였다. 세부적으로 종합몰의 총 거래액 9,158억 원 중 의류 / 패션관련 상품 거래액은 2,268억 원으로 전체의 24.77%였고, 진문몰의 총 거래액 3,294억 원에서 의류 / 패션관련 상품 거래액은 258억 원, 전체의 7.83%였다. 온라인 전문 사업체의 경우 총 거래액 7,546억 원에서 의류 / 패션관련 상품 거래액이 2,178억 원(28.86%), 온 / 오프라인 병행 사업체의 총 거래액 4,505억 원에서 의류 / 패션관련 상품 거래액이 348억 원(7.72%)인 것으로 나타나 의류 / 패션관련 상품의 경우 온라인 전문 종합몰에서 판매가 활발하게 일어나고 있었다(<표 2>).

〈표 1〉 상품군별 인터넷 쇼핑몰 거래액 규모

(단위: 백만 원, %)

구 분	2005년		2006년				전월 대비		전년동월대비	
	11월	구성비	9월	10월	11월	구성비	증감	증감률	증감	증감률
계	1,013,091	100.0	1,196,914	1,083,416	1,245,265	100.0	161,849	14.9	232,174	22.9
① 컴퓨터 / 주변기기	92,720	9.2	109,611	94,769	111,272	8.9	16,503	17.4	18,552	20.0
② S / W(게임S / W 등)	8,513	0.8	6,376	5,685	7,111	0.6	1,426	25.1	−1,402	−16.5
③ 가전 / 전자 / 통신기기	168,891	16.7	158,831	152,884	201,678	16.2	48,794	31.9	32,787	19.4
④ 서적	41,476	4.1	53,918	44,851	49,717	4.0	4,866	10.8	8,241	19.9
⑤ 음반 / 비디오 / 악기	8,668	0.9	6,215	6,364	7,003	0.6	639	10.0	−1,665	−19.2
⑥ 여행 / 예약서비스	128,376	12.7	170,324	169,275	168,195	13.5	−1,080	−0.6	39,819	31.0
⑦ 아동 / 유아용품	42,819	4.2	60,115	54,389	64,150	5.2	9,761	17.9	21,331	49.8
⑧ 식음료 및 건강식품	47,122	4.7	65,518	47,170	49,031	3.9	1,861	3.9	1,909	4.1
⑨ 꽃	3,664	0.4	3,562	3,069	3,824	0.3	755	24.6	160	4.4
⑩ 스포츠 / 레저용품	34,089	3.4	43,303	39,888	44,476	3.6	4,588	11.5	10,387	30.5
⑪ 생활용품 / 자동차용품	104,867	10.4	112,345	111,187	123,400	9.9	12,213	11.0	18,533	17.7
⑫ 의류 / 패션관련상품	188,369	18.6	215,900	206,956	252,721	20.3	45,765	22.1	64,352	34.2
⑬ 화장품 / 향수	52,851	5.2	61,569	54,862	62,329	5.0	7,467	13.6	9,478	17.9
⑭ 사무 / 문구	9,695	1.0	11,773	10,512	12,847	1.0	2,335	22.2	3,152	32.5
⑮ 농수산물	23,072	2.3	46,048	21,685	24,010	1.9	2,325	10.7	938	4.1
⑯ 각종서비스	7,085	0.7	5,026	5,001	5,163	0.4	162	3.2	−1,922	−27.1
⑰ 기타	50,814	5.0	66,479	54,867	58,338	4.7	3,471	6.3	7,524	14.8

* 출처: 2006년 통계청자료, http://www.nso.go.kr.

<표 2> 의류 / 패션관련 상품의 인터넷 거래액 규모

(단위: 백만 원)

구 분	종합몰		전문몰		온라인전문몰		온 / 오프라인병행몰	
	총 거래액	의류 / 패션 관련상품	총 거래액	의류 / 패션 관련상품	총 거래액	의류 / 패션 관련상품	총 거래액	의류 / 패션 관련상품
2001	2,259,715	144,966	1,087,352	30,912	1,390,662	104,439	1,956,405	71,441
2002	4,389,126	470,136	1,640,751	67,268	1,973,686	224,493	4,056,191	312,910
2003	5,108,126	614,934	1,946,692	115,000	2,401,107	375,829	4,653,711	354,105
2004	5,620,687	777,586	2,147,418	156,217	3,824,930	610,887	3,943,175	322,916
2005	7,415,033	1,388,095	3,260,563	195,005	5,913,345	1,287,161	4,762,250	295,939
2006.11	915,831	226,825	329,433	25,896	754,697	217,843	450,568	34,878

* 출처: 2006년 통계청자료, http://www.nso.go.kr.

이와 같이 인터넷에서 패션시장이 확대된 이유는 인터넷쇼핑 이용자의 증가는 물론 20대, 30대 여성소비자의 증가에 가장 큰 원인을 둘 수 있다. 리서치 전문기관 매트릭스(www.metrixresearch.co.kr)에서 2005년 12월 한 달 동안 인터넷 쇼핑몰 이용자 2,000명을 대상으로 설문조사를 실시한 결과 최근 3개월 이내 인터넷 쇼핑몰을 통한 의류, 속옷, 잡화 등의 패션상품 구매경험자가 73.4%인 것으로 밝혀졌다. 이 중 20대 여성의 87.9%, 30대 여성의 76.8%가 구매경험이 있는 것으로 나타나 패션상품의 인터넷 주 구매층은 20대~30대 여성이었다("의류·패션, 인터넷 쇼핑의 주요 상품으로 자리매김", 2006). 이와 같은 여성 고객의 증가는 인터넷 쇼핑몰 품목의 다변화에 영향을 미쳐 의류, 액세서리, 소품 등의 판매가 급증하고 있으며, 여성들이 인터넷에 익숙해지고 인터넷 구매가 일상화되고 있어 지속적인 증가를 보일 것으로 예측된다.

20대, 30대 여성을 대상으로 인터넷 구매행동을 연구한 이은진, 홍병숙(2006)에 의하면, 인터넷쇼핑은 오프라인쇼핑과 달리 복잡하고 번거로운 쇼핑과정이나 판매원과의 불필요한 접촉 없이 언제, 어디서나 편하고 저렴하게 쇼핑할 수 있어 20대, 30대 여성의 패션상품 구매가 증가하고 있다고 하였다. 이는 소비자들이 인터넷쇼핑을 이용하는 주된 이유를 가격요인(저렴한 가격, 가격 비교)과 편리성 요인(구매 편리, 매장 비방문, 언제든지 구매가능)에 있다고 밝힌 KNP 보고서(2004)와 유사한 결과로서, 패션소비자의 구매태도 변화는 패션 산업의 인터넷 성장에 있어 주요 요인이 되고 있다.

한편, 인터넷 쇼핑몰에서 판매되는 패션상품으로는 캐주얼 의류, 정장류, 유·아동복, 임부복, 스포츠 의류, 속옷, 패션잡화와 액세서리, 보석류 등이 있으며, 이 외에도 오프라인에서 구하기 힘든 빅사이즈 의류와 맞춤복, 특수복, 한복 등이 판매된다. 패션상품의 경우 사이즈가 다양하고 종류가 많으며, 사이트의 사진에서 보는 것과 실물이 다소 차이가 있다는 점, 소재와 바느질, 품질 등을 미리 확인할 수 없다는 점 등으로 인하여 타 상품에 비하여 위험지각이 높다고 평가되어 왔다.

그러나 인터넷 쇼핑몰에서 신체치수와 비교 가능하도록 사이즈별로 ㎝ 단위를 기재하고 모델이 착용한 사진을 앞·뒤·옆으로 보여주거나, 확대사진을 통하여 소재를 확인할 수 있게끔 하는 등 여러 가지 노력으로 소비자의 구매를 촉진시키고 있다. 또한 기존 유통 채널보다 저렴한 가격에 이벤트, 사은품 등을 실시간 확인할 수 있고, 소비자의 질문에 대한 신속한 답변, 주문에서 배달까지의 빠른 처리, 반품과 교환 가능성, 구매후기를 통하여 구매고객이 실제로 착용한 모습을 보여줌으로써 맞음새를 짐작하게 하는 등 인터넷 쇼핑의 여러 가지 문제점을 극복하기 위한 노력이 지속되고 있다(이은진, 2005).

2. 패션 기업의 인터넷 도입현황

삼성패션연구소의 '2006 / 2007 패션시장 환경 분석' 보고서에 따르면 2006년 패션 시장 규모는 20조 9,984억 원으로 전년 대비 2.3% 성장하였으며, 유통채널별로 인터넷 판매가 전년 대비 18.5% 성장한 13조1천억 원으로 가장 높은 성장세를 보였다. TV홈쇼핑(2조원)과 할인점(26조2천억 원)은 각각 10.5%, 10.0%, 백화점 판매(18조1천억 원)는 5.2% 성장한 반면 가두 매장과 시장 판매는 2.4% 감소한 것으로 나타났다("패션시장 중장년층 급부상", 2006). 다른 유통채널과 비교하여 인터넷 쇼핑의 괄목할 만한 성장은 향후에도 지속될 것으로 전망된다.

일반적으로 의류 및 패션관련 상품의 인터넷 유통은 크게 직접판매형과 간접판매형으로 구분된다. 직접판매형은 패션 기업에서 자사 홈페이지를 개설하여 소비자에게 직접 판매하는 형태로서, 빈폴, 후부, 갤럭시 등 자사브랜드의 정상 혹은 이월상품을 판매하기 위해 제일모직(주)에서 운영하는 패션피아(www.fashionpia.com), 지오다노의 자체쇼핑몰인 지오다노(www.giordano.co.kr), 지엔코의 아일랜드스타일(www.islandstyle.co.kr), 더베이직하우스의 자체몰인 비스트리트(www.bstreet.co.kr) 등이 있다(www.fbridge.co.kr).

간접판매형은 유통업자가 패션 기업의 제품이나 서비스를 제공받아 인터넷 쇼핑몰에서 판매하는 형태로, 인터넷 종합쇼핑몰과 on / off line 병행 종합쇼핑몰, 패션전문 인터넷 쇼핑몰, 오픈 마켓 등이 해당된다. 이들 쇼핑몰 매출의 상당수를 패션 사업부문이 차지하고 있기 때문에 일부 인터넷 쇼핑몰에서는 판매 수수료를 받지 않는 등 브랜드 유치에 과열 조짐현상까지 나타나고 있다. 디앤샵(dnshop.daum.net)에는 마루, 코데즈컴바인, 흄, 댄디, 미소페, 소다 등 유명 패션브랜드가 입점해 있고, G마켓(www.gmarket.co.kr)의 경우 지오다노, 쌈지, 온앤온, 올리브데올리브 등은 본사가 직접 입점해 있다. 특히 성장한계에 다다른 오프라인 영업에 대한 대안으로 온라인 몰이 부각되면서 향후 2년~3년 이내에 패션브랜드의 온라인 입점이 더욱 가속화될 것으로 보인다.

그러나 저가판매 위주인 인터넷 쇼핑에의 진출은 브랜드 이미지 손상, 기존 대리점 매출감소 등 여러 가지 문제를 양산할 수 있다. 나이키에서 직접 인터넷 쇼핑몰을 개설했을 때 소매상들의 반발로 상당한 곤란에 빠진 적이 있으며, 1999년 인터넷을 통해 맞춤판매를 선언했던 리바이스는 대리점과의 갈등을 해결하지 못해 인터넷 판매망을 소매상에게 넘겨주었다. 이처럼 패션 기업의 인터넷 진출에는 많은 제약과 불확실성이 따르지만, 인터넷을 통한 연간 매출이 4억 원~5억 원 정도인 지오다노의 경우 대리점주들과 계약을 맺어 인터넷 매출이 일정 부분 이상 초과되면 보상 제도를 시행하는 등 오프라인과 긴밀하게 협조체제하에 자체쇼핑몰을 운영하고 있다.

한편, 패션 상품 복종별로 인터넷 도입현황을 살펴보면, 캐주얼웨어나 스포츠웨어, 패션잡화 등과 같이 타깃층이 젊고 트렌드에 민감하지 않으며, 가격 저항력이 없는 복종에서는 인터넷 유통이 활발하게 전개되는 반면 가격대가 높고 유통구조상 백화점 의존도가 높은 여성복은 상당히 소극적이다. 이와 달리 남성복은 본격적인 인터넷 유통 단계로 들어섰고, 캐주얼백, 가방, 지갑, 구두, 스니커즈 등 패션잡화류는 브랜드 위주의 인터넷 시장이 잘 형성되어 있는 편이며, 유아동복은 다양한 컨텐츠를 제공하는 포털 개념의 인터넷 쇼핑몰을 운영히고 있다(www.fbridge.co.kr).

1) 여성의류 브랜드

여성의류 브랜드의 대부분은 인터넷을 통한 패션상품의 유통에 적극적이지 않다. 특히 한섬이나 오브제, 미샤 등 고급화전략에 초점을 맞춘 업체들은 브랜드이미지를 고려해 인터넷 진출을 전혀 고려하지 않고 있으며, 여성복이 가장 활성화되어 있는 부분은 백화점의 인터넷 쇼핑몰이다. 그 이유는 인터넷 쇼핑몰에서의 매출이 오프라인 백화점 매장의 주요점으로 합산 집계되는데다 촬영이나 배송, A / S 등을 백화점에서 대행해 주어 별다른 인력이나 시스템 관련 투자 없이

접근이 가능하기 때문이다.

자체 인터넷 쇼핑몰이 있거나 홈페이지상에서 판매 사이트를 연계한 경우에도 쇼핑몰 구축 관리나 상품 배송 등을 외주에 맡기는 실정이다. 아이올리는 롯데닷컴 사이트를 통해 '에고이스트' 신상품 예약 판매를 최초 실시해 높은 매출을 올렸고, 자체 쇼핑몰을 통해서도 판매되지만 내부 인력 없이 외주로 운영된다. 자체 인터넷 쇼핑몰의 대부분은 아울렛 상품 위주로 운영되는데, 2005년 말 오픈한 바바패션의 '아이잗바바몰(www.izzatbabamall.co.kr)'은 인터넷 운영을 위한 별도법인 BJT를 설립하여 '아이잗바바', '지고트'의 재고 상품만으로 2006년 30억 원대의 매출을 기록했다. 네티션닷컴은 아울렛 전문몰 '시크릿샵(www.secretshop.co.kr)'을 지난 6월 오픈하여 '에이식스', '이엔씨', '나인식스뉴욕' 등의 자사 브랜드 재고 소진 창구로 활용하고 있다(www.fbridge.co.kr).

2) 남성의류 브랜드

남성의류 브랜드에서는 자체 인터넷 쇼핑몰을 운영하거나 벤더 회사를 통해 위탁하는 경우가 많다. 5명의 별도조직을 구성해 2002년부터 자체몰을 운영하고 있는 송지오옴므(www.songzio.com)는 인터넷 유통으로 2006년 150억 원 이상의 매출을 올렸고, 이 중 자체몰을 통해서는 20억 원 매출을, 나머지는 TV홈쇼핑 부문이 차지하고 있다. 2006년 9월부터 홈페이지 내에 링크 형태로 쇼핑몰을 운영하고 있는 파크랜드(www.parkland.co.kr)는 2명의 직원이 쇼핑몰을 전

담하고 있으며, 2007년 6억 원 이상의 판매를 목표로 하고 있다. 위비스는 2007년 7월부터 벤더업체를 통해 '지센옴므'를 인터넷으로 판매하기 시작했으며, 최근 런칭한 '아미드'의 에이모두와 '닷엠'의 발렌타인, '더셔츠스튜디오'의 모브, 세르지오는 현재 인터넷 상거래를 준비 중에 있다.

3) 캐주얼·스포츠의류 브랜드

캐주얼·스포츠의류 브랜드의 경우 인터넷 사업이 타 복종에 비해 활발한 편이다. 예신퍼슨스의 마케팅 부문 자회사인 예신애드컴은 예신을 포함한 유겐트어패럴, 다른미래, 리더스피제이 등에서 생산하는 12개 브랜드의 인터넷 사업을 대행하고 있고, 신성통상의 올젠(www.olzen.co.kr), 지오지아는 자체쇼핑몰 및 백화점몰에 입점, 판매되고 있다. 한국데상트의 '르꼬그스포르티브'는 '르꼬그몰(www.lecoqmall.com)'을 운영 중이고, 케이투코리아는 '케이투데이(www.k2day.co.kr)'를 통해 2006년 4억5천만 원의 매출을, 지엔코커뮤니케이션은 자체브랜드와 자회사 브랜드를 통합 판매하는 '스타일리쉬랩(www.stylishlab.com)'에서 70억 원 이상의 매출을 올리고 있다. 이 밖에 지오다노(www.giordano.co.kr)와 휠라코리아(www.fila.co.kr), 슈페리어(www.superiori.com), NII(www.nii.co.kr), 지스지엠(www.gsgm.co.kr), 더베이직하우스(www.bstreet.co.kr) 등도 인터넷에서 활발한 판매활동을 펼치고 있다.

40만 명의 회원을 확보한 제일모직의 자체몰인 '패션피아(www.

fashionpia.com)’는 1999년 오픈 이후 2005년 65억 원에서 2006년 135억 원으로 매출이 신장되었고, 2006년 9월에는 종합몰인 디앤샵과 e비즈니스 파트너 제휴를 통해 제일모직 직영몰을 오픈하고 온라인 사업을 더욱 강화하였다. 패션업체 중 가장 큰 규모의 E−biz팀을 운영 중인 코오롱패션은 E−marketing과 E−biz 팀에 총 29명의 인력이 배치되어 있다. 자체 브랜드몰인 ‘쿠아(www.qua.co.kr)’, ‘헤드(www.headsport.co.kr)’, ‘코오롱스포츠(www.kolonsport.co.kr)’는 물론 디앤샵, GSeshop, CJ몰, 롯데닷컴, 하프클럽, 패션플러스 등 총 25개의 인터넷 유통을 전개 중이며, 2006년 30억 원대의 매출에서 2007년에는 50억 원 이상의 매출 목표를 설정해 공격적인 영업을 펼치고 있다.

이랜드그룹은 2004년 5월 별도법인 (주)리드온을 설립하고 인터넷 쇼핑몰 ‘에프터유(www.afteru.co.kr)’를 인수하면서 인터넷 패션 마켓에 진입했다. 2005년 10월에는 사이트명을 ‘패션스토리(www.fashionstory.co.kr)’로 변경하고 20대 여성 네티즌을 타깃으로 한 패션 전문몰을 운영하고 있으며, 2007년 5월 9일 CJ몰과 전략적 제휴를 통해 ‘패션 에비뉴’란 카테고리에서 24개 브랜드 2000여 종의 상품을 판매하기 시작했다. 또한 LG패션은 2005년 브랜드 홍보수단으로 활용했던 홈페이지를 쇼핑몰로 리뉴얼하면서 인터넷 유통을 본격화하였으며, 2006년 초에는 별도의 쇼핑몰TFT팀을 구성하는 등 온라인 사업을 활발히 전개 중이다. 현재 30만 명의 회원을 확보한 자체 쇼핑몰(www.lgfashionshop.co.kr)과 하프클럽, 패션플러스, 디앤샵 등에 입점하여 80억 원 정도의 매출을 올리고 있다.

4) 패션잡화 브랜드

타깃층이 넓고 트렌드에 크게 구애받지 않아 브랜드 위주의 인터넷 시장이 비교적 잘 형성되어 있는 패션잡화류는 자체 쇼핑몰은 물론 인터넷 유통업체를 통한 입점활동도 활발한 편이다. 캐주얼 백팩 브랜드인 에어워크(www.airwalkmall.co.kr)와 캠프뉴욕(www.kamp.co.kr), 키플링(www.kiplingshop.co.kr) 등은 자체몰을 통한 매출이 오프라인 매출의 5% 수준이고, 자체 조직을 통해 인터넷 유통을 강화한 금강제화(www.kumkangmall.co.kr)와 무크(www.mook.co.kr)는 연간 100억 원대의 매출을 올리고 있으며, 세라(www.small.co.kr), 쌈지(www.ssamziemall.com), 엠씨엠(www.sddmall.co.kr) 등도 인터넷 유통을 강화하고 있다. 이들 패션제화 및 잡화 브랜드의 경우 인터넷 전용 브랜드를 런칭하거나 10%~30% 정도 가격 할인을 실시하는 등 다양한 인터넷 비즈니스를 펼치고 있다.

5) 유·아동의류 브랜드

유아동복의 경우 대형 업체를 중심으로 단순 쇼핑몰 기능보다 육아, 게임 등의 다양한 컨텐츠를 제공하는 포털 개념으로 운영하고 있다. 대표적인 예로 아가방앤컴퍼니는 홈페이지(www.agabang.com) 내에 자체 쇼핑몰을 운영할 뿐 아니라 롯데닷컴, 신세계몰 등에 입점하고 있으며, 입소문에 민감한 주부층 소비자를 대상으로 마케팅 활동을 실시함으로써 인터넷을 통한 매출 증대를 기대하고 있다.

다음 <표 3>은 복종별 주요 패션 기업의 인터넷 유통 전개현황을 정리한 것이다.

〈표 3〉 패션 기업의 인터넷 유통 전개현황

| 구 분 | 회사명 | 브랜드명 | 인터넷부 조직현황 | 인터넷유통현황 | | 운영형태 | 총매출액 (2007) | 인터넷 매출액 (2007) |
				자체몰 / 홈페이지	기타			
여성복	바바패션	아이잗바바, 지고트	3명	www.izzat babamall. co.kr	없음	별도법인		50억
	아이올리	에고이스트, 플라스틱아 일랜드 등	없음	www.egoi stmall.com	롯데닷컴,패 션플러스,하 프클럽 등	자체운영 / 벤더대행	480억	20억
	네티션닷컴	에이식스,나 인식스뉴욕, 이엔씨		www.secre tshop.co.kr	롯데닷컴	자 체 조 직 (이월상품 만 취급)		20억
남성복	송지오옴므	송지오옴므, 지오송지오	5명	www.song zio.com	CJ몰, 홈쇼 핑TV	자체조직 / 벤더대행	500억	20억 (자체몰)
	파크랜드	파크랜드,제 이하스,보스 트로	2명	www.parkl and.co.kr (홈페이지 내 링크)		자체조직	2,200억	6억
	위비스	지센옴므		www.zish en.com(홈)	패션플러스, 하프클럽 등 13개	벤더대행 (7월부터)	300억	
캐주얼 · 스포츠	예신퍼슨스	마루,마루아 이,마루언더 웨어 등		www.mar ucasual.co .kr(홈)	마켓, 옥션, 디앤샵 등 총 13개	별도법인 (예신애드컴)	1,780억	70억
	신성통상	올젠,유니온베 이,지오지아	1명	www.olze n.co.kr	하프클럽, H 몰, 신세계몰, 롯데닷컴	자체운영	1,970억	
	한국데상트	르꼬크스포 르티브		www.leco qmall.com	패션플러스, 디앤샵, H몰 등	자체운영	380억	
	케이투 코리아	케이투		www.k2da y.co.kr	H몰, 신세계 몰, 롯데닷컴	자체운영	1,600억	10억
	세정과미래	니,크리스. 크리스티	1명	www.nii.c o.kr	CJ몰, 패션플 러스 하프클럽, H몰 등 19개	벤더대행	900억	30억

| 구 분 | 회사명 | 브랜드명 | 인터넷부 조직현황 | 인터넷유통현황 | | 운영형태 | 총매출액 (2007) | 인터넷 매출액 (2007) |
				자체몰 / 홈페이지	기타			
캐주얼 · 스포츠	슈페리어	임페리얼, SGF슈페리어,페리엘리스등	1명	www.superiori.com	패션플러스, 하프클럽 등 7개	자체조직	2,950억	30억
	지에스지엠	체이스컬트, 오션스카이, 하임벨 등	8명	www.gsgm.co.kr	패션플러스, 하프클럽 등 13개	자체운영 / 벤더대행	1,300억	20억
	지오다노	지오다노	8명	www.giodano.co.kr	디앤샵, CJ몰, 신세계몰 등 10개	자체운영	1,400억	100억
	뱅뱅어패럴	뱅뱅		www.bangbang.co.kr(홈)	디앤샵, 옥션, G마켓, 신세계몰 등	벤더대행	2,000억	10억
	더베이직하우스	베이직하우스 마인드브릿지, 더클래스	4명	www.bstreet.co.kr (회원수 20만명)	패션플러스, 하프클럽 등	자체운영 / 벤더대행	2,620억	50억
	휠라코리아	휠라	4명	www.fila.co.kr	CJ몰, 하프클럽	자체운영	3,000억	10억
	지엔코	써스데이아일랜드, 아일랜드스타일 등	16명	www.stylishlab.co.kr	CJ몰, 니앤샵, 위즈위드 등	별도법인(지엔코커뮤니케이션)	1,250억	75억
	제일모직	빈폴, 후부, 갤럭시,로가디스 등		www.fashionpia.com	디앤샵 등	자체운영		150억
	코오롱패션	쿠아, 헤드, 코오롱스포트 등	29명	www.qua.co.kr,www.headsport.co.kr,www.kolonsport.co.kr,	롯데닷컴, 하프클럽, 패션플러스 등 총 25개	자체조직		50억
	이랜드그룹	후아유,C.O.A.X., 언더우드,헌트 등		www.fashionstory.co.kr	CJ몰 등	별도법인 ((주)리드온)		
	LG패션	TNGT, 헤지스 등		www.lgfashion.co.kr	하프클럽, 패션플러스, 디앤샵 등	자체조직 / 벤더대행		80억

구 분	회사명	브랜드명	인터넷부 조직현황	인터넷유통현황		운영형태	총매출액 (2007)	인터넷 매출액 (2007)
				자체몰 / 홈페이지	기타			
패션 잡화	금강제화	랜드로바,리갈,버팔로,와키앤타키 등	15명	www.kumkangmall.co.kr (2003년 오픈)	롯데닷컴, 삼성몰,GS이숍, 인터파크 등 총 13개	자체운영		120억
	무크	무크	12명	www.mook.co.kr	옥션, CJ몰, GS이숍, 인터파크 등 14개	자체운영	300억	120억
	세라제화	세라	7명	www.smal l.co.kr	롯데닷컴, 신세계몰, 패션플러스 등	자체조직	300억	70억
	쌈지	쌈지,쌤,아이삭,딸기 등	7명	www.ssamzie.com (2005년 오픈)	롯데닷컴,H몰, 신세계몰, 하프클럽 등 총 16개	별도법인 (술래)		56억
유아동	아가방앤컴퍼니	아가방,에뜨와 , 엘르뿌뽕,디어베이비 등	15명	www.agabang.com	롯데닷컴, 신세계몰 등	벤더위주		

* 출처: 패션브릿지(2007. 12). www.fbridge.co.kr의 내용을 연구자가 재정리함.

3. 패션 기업의 인터넷 도입 관련 선행연구

패션 브랜드의 온라인 진출에 있어 커뮤니티의 운영은 고객의 성향과 요구사항을 파악할 수 있는 정보원이 된다. 이런 점에서 커뮤니티의 중요성을 인지한 장유정, 박재옥과 이구혜(2003)는 패션 브랜드의 홈페이지 유무를 조사하고 패션 온라인 커뮤니티의 현황 조사를 시도하였다. 패션브랜드사전(텍스헤럴드, 2002)에 실린 패션 브랜드는 여성복 162개(25.8%), 남성복 73개(11.6%), 유니섹스 93개(14.8%), 스포츠웨어 22개(3.5%), 골프웨어 22개(3.5%), 유아복 16개(2.6%), 아동복 48개(7.7%), 제화 62개(9.9%), 인너웨어 55개(8.8%), 생활한복 10개(1.6%), 피혁집화 64개(10.2%)로 총 627개였고, 이 중 홈페이지가 있는 패션 브랜드 320개(55.8%)에서 온라인 커뮤니티를 제공하는 업체는 200개(30.4%)였다.

이들 200개 브랜드의 온라인 커뮤니티 구성요소 유무를 조사한 결과, 게시판은 102개(51.0%), 1 : 1 Q & A는 103개(51.5%), e－mail 주소는 69개(34.5%), wallpaper(calendar, screensaver)는 90개(45.0%), e－card(postcard)는 48개(24.0%), music은 74개(37.0%), new & event는 136개(68.0%), 카달로그(collection)는 133개(66.5%), 코디정보는 111개(55.5%), 웹 매거진은 52개(23.0%), 회원제 운영은 48개(24.0%), e－shop 운영은 57개(28.5%), 마일리지(포인트) 혜택은 38개(19.0%), 매장소개는 169개(84.5%) 브랜드에서 하고 있었다. 이에 비해 회원과 회원 간의 온라인 구성요소를 제공하고 있는 브랜드는 대화방 3개(1.5%), 동호회 / 클럽 운영 13개(6.5%), 벼룩시장 6개(3.0%), 기타 이벤트 24개(12.0%)에 불과하여 회원 간의 상호작용을 위한 커뮤니티의 구축이 요구됨과 동시에 패션 브랜드의 온라인 진출을 통한 마케팅 전략의 다변화가 촉구되었다.

패션 브랜드의 인터넷 쇼핑몰 성공제품을 조사한 김선숙(2005)은 인터넷 순위 사이트에서 상위 20위에 랭킹되어 있는 종합 쇼핑몰 중 베스트셀러 코너를 통해 주간 매출 상위 상품을 제공해 주는

GSeshop, CJmall, Hmall의 F / W 의류상품을 분석하였다. 상품 종류별 순위는 가죽 / 모피코트류(20%), 우븐 코트류(18%), 내의류(16%), 재킷류(15%), 티셔츠(11%), 바지(9%) 등의 순으로 나타나, 비교적 사이즈 구성이 간단하고 착용 시 맞음새 판단이 쉬운 겉옷류에 해당하는 상품이 많았다. 반면에 블라우스, 스커트 등의 단품류는 보이지 않아 인터넷 쇼핑몰에서는 맞음새가 크게 문제되지 않는 품목에 구매가 집중되고 있었다. 이러한 결과는 선행연구(김선숙, 이은영, 2003; 오기석, 1999; 이은진, 홍병숙, 1999)에서 제시된 것과 일치하고 있어 인터넷 소비자들은 직접 보거나 만져 보면서 품질을 확인할 필요가 비교적 적은 상품, 품질의 표준화가 가능한 상품, 그리고 외부에서 제공되는 정보를 통해 주관적·객관적으로 평가할 수 있는 상품의 구매율이 높다고 할 수 있다.

고객관계관리(CRM) 관점에서 의류 브랜드의 온라인 커뮤니티 마케팅에 관해 연구한 홍희숙, 김유민(2006)은 커뮤니티의 조직 주체에 따라 의류 브랜드의 온라인 커뮤니티 유형을 기업 개설형과 유저 자발형으로 구분하였고, 대부분의 의류 브랜드들이 브랜드에 관한 지식전파에 치중하는 반면 패션정보제공이나 커뮤니티 활동에 따른 보상과 관련된 마케팅 활동은 낮은 편이라고 하였다. 또한 홍희숙(2006)은 의류브랜드의 온라인 커뮤니티에 대한 몰입이 브랜드 일체감에 영향을 미치고, 이는 다시 브랜드의 재구매행동에 영향을 미친다고 하면서 회원들이 브랜드 커뮤니티에 몰입하여 브랜드에 대한 일체감을 형성할 경우 재구매행동이 높아진다고 주장하였다.

패션상품 공급업체를 중심으로 인터넷 쇼핑몰의 eSCM 실행요인과 성과와의 관계를 연구한 신수연, 조정아(2007)는 실행요인을 조직요인(최고경영자의 인식과 지원, 조직원들의 참여), 파트너십요인(원활한 커뮤니케이션, 협력적 관계 / 지원, 상호신뢰), 정보화요인(제품정보제공, 고객정보공유, eSCM 기술수준)으로, 성과요인을 효율성(비용절감, 운영효율 개선)과 효과성(매출증대, 고객서비스 증대)으로 구분하여 2개 이상의 인터넷 쇼핑몰에 상품을 판매하고 있는 공급업체의 인터넷 쇼핑몰 담당자와 인터넷 쇼핑몰의 MD를 대상으로 조사를 실시하였다. 그 결과 eSCM 실행요인 중 파트너십요인과 정보요인은 효율성에, 조직요인과 파트너십요인은 효과성에 영향을 주고 있어 성과요인에 가장 영향을 미치는 요인은 파트너십요인이었고, 공급업자에 비해 쇼핑몰 MD가 eSCM 실행으로 운영효율이 더 높아졌다고 인식한 반면 공급업자는 고객서비스가 더 향상되었다고 여기고 있었다. 또한 인터넷 쇼핑몰의 eSCM에서 공급업체의 비중이 높아지고 있는 만큼 공급업체 입장에서의 성과, 즉 공급업체의 효율성을 적극적으로 반영한 eSCM의 개발이 필요하다고 언급하였다.

이상에서 설명한 것처럼 패션 기업의 인터넷 도입과 관련된 선행연구는 관계 마케팅 측면에서 인터넷의 커뮤니티 활용 및 eSCM, 인터넷 패션 쇼핑몰에서의 브랜드 구성 등에 관해 활성화되어 있으며, 사이트 분석이나 소비자 분석이 주를 이루고 있다. 이에 비해 인터넷 도입을 혁신의 차원에서 이해하거나 패션 기업을 대상으로 연구한 경우는 극히 드물며, 패션 기업의 인터넷 도입현황에 대한 연구도 전무한 실정이다. 따라서 본 연구는 패션 기업의 인터넷 도입현

황을 알아보고, 혁신 차원에서 패션 기업의 인터넷 도입에 영향을
미치는 요인이 무엇인지를 확인하고자 한다.

제2절 혁신 이론

　인터넷 이용자의 증가와 함께 인터넷 쇼핑몰을 통한 패션상품의 구
매비중이 높아지면서 인터넷으로 기업 및 상품정보를 제공하거나 기
존의 유통경로전략을 변경하여 전자상거래 유통경로의 채택을 고려하
는 패션 기업이 늘고 있다. 패션 기업이 인터넷을 마케팅이나 상거래
도구로 활용하는 것은 기존 업무흐름에 변화를 초래하기 때문에 혁신
차원에서 이해할 수 있다. 인터넷 혁신에 대한 이론 정립을 위해 혁신
의 개념과 특성요인, 선행 연구자의 혁신이론을 살펴보고자 한다.

1. 혁신의 개념 및 특성

1) 혁신의 개념정의

　혁신(innovation)은 라틴어 '새롭다(novus)'에서 파생된 단어로, 사
전상으로는 '새로운 것의 도입 또는 새로운 아이디어, 방법, 도구'

등을 뜻한다. Schumpeter(1942)가 기업 성장과 사회발전 차원에서 혁신의 중요성을 강조한 이래, 혁신은 많은 학자들의 주요 관심사가 되어 왔다. 이러한 혁신은 경영·경제학뿐만 아니라 사회학, 행정학, 교육학 등 다양한 분야에서 연구되어 왔으며, 최근 들어서는 인터넷 분야에서 혁신 이론을 도입한 연구가 활발해지고 있다.

혁신에 대한 정의는 매우 다양하여 Rogers(1995)는 혁신을 '개인 혹은 특정 채택단위가 새롭다고 인지하는 아이디어, 관행, 대상'이라 하였고, Damanpour(1991)는 '해당 기업에게 새로움을 주는 자체 제조 또는 외부 수입의 기구, 제도, 정책, 프로그램, 과정, 제품 및 용역의 채택'이라 하였다. 또한 West와 Far(1990)는 '개인, 집단, 조직 및 사회에 유익한 새로운 아이디어, 제도, 제품 등을 역할 담당자 및 조직이 의도적으로 도입, 적용하는 것'이라 하면서 혁신의 특성을 다섯 가지로 제시하였다. 첫째, 혁신은 변화로부터 기대되는 예상편익을 유도하기 위한 시도이고 둘째, 예상편익에는 경제적 편익만이 아니라 개인적 성장, 만족감의 제고, 집단응집성의 향상, 대인 의사소통의 개선 등이 포함되며 셋째, 혁신의 채택은 개인, 집단 혹은 조직, 더 나아가 사회에 편익을 제공하고 넷째, 혁신은 기술혁신은 물론 관리 전반이나 인적자원관리까지 포함하는 새로운 아이디어나 과정을 내포하여야 한다. 마지막으로 혁신은 절대적인 의미에서의 새로운 아이디어가 아니라 그 아이디어를 채택하는 단위에게 새로운 아이디어야 한다는 것이다.

혁신의 범위를 좁혀 기술 혁신의 관점에서 정의한 Tornatzky, Fleischer(1990)는 혁신을 '주어진 사회 및 조직 환경에 새로운 도구를 부여하는 과정' 또는 '새로운 도구자체'라고 하였으며, 국내에서는 조동성, 신철호(1996)가 '새로운 제품이나 서비스, 생산공정기술 및 새로운 조직기구나 관리시스템, 조직 구성원을 변화시키는 새로운 계획 혹은 프로그램을 의도적으로 실행함으로써 기업의 중요한 부분을 본질적으로 변화시키는 것'이라 하였다. 그리고 한국인사조직학회(1997)는 '조직이 새로운 아이디어, 제품, 서비스, 제도, 프로그램, 정책 등을 자체적으로 창안, 개발 및 실용화하거나 이미 개발 활용되고 있는 새로운 아이디어, 제품, 서비스, 제도, 프로그램, 정책 등을 도입 혹은 사용하는 일련의 행위'라고 혁신을 개념화하였다.

요약하면, 혁신이란 '개인이나 조직, 기업, 사회가 새로운 기술 및 아이디어, 제품 등을 채택, 수용하는 행위'를 의미하며, 기존 연구에서는 혁신을 기술적인 변화, 기술적인 단절(discontinuity)과 거의 비슷한 개념으로 사용하고 있다. 혁신은 기술적 혁신(technological innovation)과 관리적 혁신(administrative innovation) 혹은 제품 혁신(product innovation)과 공정 혁신(process innovation)으로 구분되는데, 이러한 혁신의 개념은 '인터넷이라는 새로운 기술의 도입'이라는 관점에서 기업의 인터넷 마케팅 및 비즈니스 연구에 활용될 수 있다.

2) 혁신특성요인

혁신과 관련된 연구에서 제시하고 있는 혁신특성요인은 다양하면서도 유사한 공통점을 지니고 있다. 75개의 혁신관련 연구를 메타분석하여 혁신 자체의 특성을 규명한 Tornatzky, Klein(1982)은 기존 연구에서 빈번하게 다루고 있는 혁신특성요인을 <표 4>에서처럼 10 가지로 분류하였다. 이 혁신특성요인, 즉 기술적 호환성과 상대적 이점, 복잡성, 비용, 전달성, 분할성, 이익성, 혁신사용자그룹의 동의, 시용가능성, 관찰가능성 중에서 혁신채택 및 실행에 정(+)의 영향을 미치는 요인은 기술적 호환성과 상대적 이점이고, 부(-)의 영향을 미치는 요인은 복잡성이었다.

〈표 4〉 Tornatzky and Klein의 혁신특성요인

혁신특성요인	내 용
기술적 호환성	혁신의 기술적 측면에 기존의 기술과 양립할 수 있는 정도
상대적 이점	혁신기술이 기존 기술에 비해 더 좋다고 인지되는 정도
복잡성	혁신의 이해 및 사용에 있어 어려움의 정도
비 용	혁신기술의 채택 및 실행에 드는 비용 정도
전달성	혁신의 내용 및 활용부문 등이 쉽게 전달될 수 있는 정도
분할성	혁신이 채택이전에 작은 단위로 시행될 수 있는 정도
이익성	혁신의 결과가 얼마나 이익을 줄 수 있는가의 정도
혁신사용자그룹의 동의	혁신사용자그룹의 동의 정도
시용가능성	혁신 수용이전에 시험해 볼 수 있는 정도
관찰가능성	혁신의 결과가 타인에게 얼마나 보여질 수 있는가의 정도

Rogers(1983)는 혁신의 특성을 상대적 이점(relative advantage, 혁신이 기존의 제품이나 아이디어보다 좋은 것으로 인식되는 정도), 적합성(compatibility, 혁신이 기존의 제품이나 아이디어와 일치하는 것으로 인식되는 정도), 복잡성(complexity, 혁신을 이해하고 수용하

는데 어렵게 인식되는 정도), 시용가능성(triability, 수용하기 전에 혁신을 시도해 볼 수 있는 정도), 관찰가능성(observability, 혁신수용의 결과를 다른 사람에게서 볼 수 있는 정도)의 5가지로 제시하면서 이러한 혁신특성요인이 혁신 수용뿐만 아니라 확산에도 영향을 미친다고 하였다. Moore, Benbasat(1991)는 Rogers(1983)의 5가지 혁신특성요인에 이미지(image), 전시가능성(demonstrability), 가시성(visibility) 등의 세 가지 개념을 추가하였고, 이들 요인 중 양립성, 상대적 이점, 전시가능성 등의 순으로 혁신수용에 영향을 미치는 반면 가시성, 이미지, 시용가능성은 상대적인 중요성이 낮다고 하였다.

한편, 혁신이 '새로운 아이디어를 만들고 실행시키는 절차'라는 점에서 여러 가지의 형태의 혁신이 가능하다. Hage(1980)는 혁신을 점진적 변화, 종합적 변화, 불연속 변화로 분류하였는데, 점진적 변화(incremental changes)는 기존의 제품이나 절차에 기능을 향상시키거나 부과하는 것을 말한다. 종합적 변화(synthetic changes)는 기존의 아이디어나 기술을 통합하여 새로운 제품이나 절차를 만드는 것이고, 불연속 변화(discontinuous changes)는 새로운 제품이나 절차를 개발하는 것이다. 또한 Robertson, Gatignon(1986)은 혁신의 특성을 연속형, 동태적 연속형, 비연속형의 3가지로 나누었으며, 연속형 혁신(continuous innovation)은 기존의 소비패턴을 최소한도로 변화시키는 것으로 신제품의 개발이라기보다 제품의 개선에 가까운 혁신을 의미한다. 이보다 소비패턴에 더 강한 영향을 미치는 동태적 연속형 혁신(dynamically continuous innovation)은 신제품 개발이나 기존제품의 개선 중 한 가지 방법을 통해 구현되는 혁신이며, 비연속형 혁신(discontinuous innovation)은 신제품 개발을 통하여 새로운 소비패턴을 확립하는 것이다.

혁신을 상징적 혁신과 기술적 혁신으로 구분한 Hirschman(1982)은 상징적 혁신을 바로 이전 단계와 차별되는 무형적 속성(예: 섹시함, 보수성, 품위 등)을 지닌 혁신으로 보았고, 기술적 혁신을 어떤 제품군에서 이전에 발견되지 않았던 유형적 특성이 있는 혁신으로 정의하였다. 또한 Hellriegel et al.(1999)은 기술혁신과 절차혁신, 관리혁신의 3가지 형태로 혁신의 특성을 언급하였다. 제품 및 서비스가 없는 상황에서 발생하는 기술혁신(technical innovation)은 과거에 존재하지 않은 새로운 제품 및 서비스를 개발하는 것이고, 절차혁신(process innovation)은 기존의 제품과 서비스를 좀 더 좋게 개선하는 새로운 방안을 만드는 것이며, 관리혁신(administrative innovation)은 제품 및 서비스를 개선 혹은 개발하는 것을 지원하기 위해 새로운 조직을 설계하는 것이다.

이러한 혁신의 특성에서 볼 때 패션 기업의 인터넷 도입은 인터넷 네트워크와 전자상거래라는 새로운 기술의 사용이라는 점에서 기술혁신이라 할 수 있으며, 인터넷은 과거에 존재하지 않았던 새로이 등장한 불연속적인 변화일 뿐 아니라 이를 수용함으로써 조직의 변화를 초래할 수 있는 관리혁신까지 포함한다.

2. 혁신이론

혁신은 보는 관점에 있어 다양한 시각이 존재하는데, 혁신을 과정으로 인식하느냐 산출물로 인식하느냐에 따라 학자들마다 주장이 다르게 나타나고 있다. 혁신을 산출물로 인식하는 학자는 조직이 혁신을 시도하게끔 하는 상황적, 구조적 조건의 규명에 중점을 두는 반면, 과정으로서 혁신을 인식하는 학자는 혁신이 어떻게 발생, 발전하여 기업의 일상 활동의 일부가 되는지 하는 진화론적 측면에 중점을 둔다. 따라서 기업 및 조직을 대상으로 하는 혁신이론은 조직 혁신을 보는 관점에 따라 크게 합리적 효율론, 상징적 제도론, 과정적 진화론, 구조적 상황론의 네 가지로 분류할 수 있다(강낙중, 2001; 신건호, 1999).

1) 합리적 효율론

혁신의 중요성을 일반화시킨 Schumpeter(1942)에게서 그 시초를 찾을 수 있는 합리적 효율론은 기본적으로 경제학적인 관점을 반영하고 있다. 합리적 효율론의 관점에 의하면 혁신은 경제적 이익이나 이해관계자의 부의 증대를 위해 이루어지며, 혁신의 주목적은 경제적 이익의 획득이고 연구의 관심은 혁신에 따른 편익과 비용을 분석하는 것이다. Downs, Mohr(1976)는 '합리적인 조직은 편익이 비용을 초과할 때 혁신을 하게 된다'고 주장하면서 혁신의 목표가 이윤의 극대화, 시장점유율 제고 및 경쟁력 우위확보이고, 혁신에 따른 기술적 능률성은 투입에 대한 산출임을 가정한 편익-비용 모형(benefit-cost model)을 제시하였다. 이와 같은 합리적 효율론에서는 경영혁신이 부를 창조하기 위해 자원에 새로운 능력을 부여함으로써 기업성장이나 경제발전의 원동력이 된다고 보고 있다.

2) 상징적 제도론

합리적 효율론에서는 혁신이 조직에게 경제적 편익을 가져준다고 주장하고 있지만, 경제적 이익이 되지 않거나 기술적으로 비능률적인 혁신일지라도 채택하는 경우가 있다. 합리적 효율론에 대한 비판에서 나온 상징적 제도론은 기본적으로 혁신의 상징적 효과나 제도화의 분석에 초점을 맞추므로 혁신을 조직의 상징적 위상을 유지·제고시키고 그 조직이 속한 커뮤니티로부터의 수용성을 증대시키는 수단으로 간주한다. 다시 말해, 혁신의 주된 목적은 경제적 이익보다 사회적 수용이며, 조직은 혁신을 제도화함으로써 조직이 속한 커뮤니티의 한 구성원임을 상징적으로 과시할 수 있다.

이러한 차원에서 Abrahamson(1991)은 혁신 채택 및 실행과 관련하여 외압-선택관점(forced-choice perspective)과 유행관점(fashion perspective)을 제시하였다. 외압-선택관점은 조직이 관리혁신을 채택 혹은 거부하는 것은 그 조직에게 강력한 영향을 미치는 외부조직이나 이해관계자 때문으로 외부적인 힘은 정치적 환경이나 제도적 기업가일 수 있다는 관점이고, 유행관점은 조직의 환경, 목적 및 기술적 능률성 등이 불확실한 상황에서 유행을 유도하는 조직에 의해 혁신이 이끌어진다는 것이다. 또한 Abrahamson(1991)은 기업을 둘러

싸고 있는 외부 이해관계자의 편승압력, 즉 제도적 편승압력과 경쟁적 편승압력에 의해 혁신이 일어난다고 하였다.

3) 과정적 진화론

생태학적 관점을 기반으로 하는 과정적 진화론은 혁신을 조직이 환경변화에 적응하기 위하여 다양성 추구와 선택적 보전을 하는 과정으로 보고 있으며, 혁신의 주요 목적은 환경에의 적응을 통한 생존이다. 이를 지지하는 학자들은 혁신의 진화과정과 이 과정에서 나타나는 혁신의 단계 및 단계별 다양성 추구, 선택적 보전을 결정하는 요인의 규명에 중점을 두고 있다. 대표적인 학자인 Staw(1995)에 의하면 다양성 추구과정은 문제제시와 아이디어 창출의 두 단계로 구성되고, 선택적 보전과정은 연합체 형성, 프로젝트 개발, 실행과 결과산출의 세 단계로 구성된다.

과정적 진화론은 조직혁신을 과정으로 보고 각 과정에 영향을 미치는 요인을 규명하고 있는 점에서 Rogers(1995)나 Van de Ven(1993)의 연구와 맥을 같이한다. Rogers(1995)는 혁신을 시간의 흐름에 따라 진행되는 과정으로 파악하고 아이디어의 창출에서부터 사용자에 의한 채택 및 확산에 이르는 혁신의 선형적 흐름에 영향을 미치는 요인으로 혁신 자체의 특성, 관리적 특성, 사회제도적 특성 등이 있다고 주장하였고, Van de Ven(1993)은 과정적 진화론의 입장에서 시장과 기술의 접합에 대한 개념화, 과정의 조직화 및 모니터링, 혁신에 대한 몰입유도의 네 가지 활동으로 조직혁신을 설명하였다.

4) 구조적 상황론

구조적 상황론에 의하면 혁신은 조직혁신의 결정요인과 상황요인과의 적합성의 산물로, 혁신을 효과적으로 유도하고 실행하기 위해서는 혁신의 속성과 제반 상황요인 사이의 적합도가 높아야 한다. 따라서 구조적 상황론에 있어 연구자들의 관심은 혁신을 효과적으로 실행하는 데 적합한 상황적 특성 및 조작적 요인을 규명하는 것이다. Burns, Stalker(1961)는 혁신의 채택 및 실행이 기계적 조직보다 유기적 조직에서 더 활발하다고 하였고, Daft(1978)는 기계적인 조직은 관리혁신을, 유기적인 조직의 경우 기술혁신을 촉진한다고 하였다. Damanpour(1991)는 조직유형이 상황변수의 하나임을 주장하면서 상황이론 관점에서 조직혁신이 연구될 필요성이 있음을 시사하였고, Damanpour and Gopalakrishnan(1998)은 외부 환경을 환경의 불안정성과 예측가능성, 특히 동태적 측면에서 네 가지로 분류하고 각각의 환경에 적합한 혁신의 유형, 혁신의 실행속도 및 범위를 제시하였다.

다음 <표 5>는 이상에서 설명한 혁신 이론을 요약한 것이다.

〈표 5〉 혁신 이론

구 분	혁신을 보는 관점	혁신의 목적	연구의 초점	연구자
합리적 효율론	조직혁신은 경제적 이익이나 부의 증대를 위한 주요 원천	경제적 이익	비용－편익 및 능률적 선택의 분석	Downs & Mohr(1976) Drucker(1985) Kimberly(1981) Schumpeter(1942)
상징적 제도론	혁신은 조직의 상징적 위상을 유지·제고하고, 커뮤니티로부터 수용성을 증대시키는 수단	사회적 수용	혁신의 상징적 효과 및 제도화 분석	Abrahamson(1991) Abrahamson & Rosenkopf(1993) Cornwall & Perlman (1990) Hyun(1996)
과정적 진화론	혁신은 조직인 환경의 변화에 적응하기 위하여 다양성을 추구하고 선택적으로 보전하는 과정	환경에의 적응	혁신의 단계 및 진화과정의 분석	Amabile(1988) Kanter(1988) Rogers(1995) Staw(1995) Van de Ven(1993)
구조적 상황론	혁신은 조직혁신의 결정요인과 상황요인과의 적합성의 산물	상황 적합성의 제고	혁신과 결정요인 사이를 조절하는 상황요인과 혁신결정요인 구성의 분석	Burns & Stalker(1961) Daft(1978) Damanpour(1991) Drazin & Schoonhoven (1996) Wolfe(1994)

* 출처: 최만기 외(1997). 한국기업의 변화와 혁신. 서울: 다산출판사, 19.; 강낙중(2001). 한국수출제조기업의 인터넷 마케팅 결정요인과 성과. 부산대학교 박사학위논문, 33.

본 연구는 패션 기업이 인터넷을 마케팅이나 상거래 도구로 도입함으로써 혁신의 실행을 결정짓는 결정요인을 규명하고, 기업의 혁신특성이 인터넷 도입에 미치는 영향을 밝히는 데 목적이 있으므로 구조적 상황론에 입각하여 연구를 진행하고자 한다. 또한 기존 혁신이론에서 제시되었던 혁신의 결정요인을 크게 외부환경특성, 내부조직특성, 혁신특성 요인 등으로 분류하고, 구조적 상황론의 관점에서 패션 기업의 인터넷 적용여부를 살펴보고자 한다.

제3절 인터넷 혁신도입의 결정요인

일반적으로 혁신 연구는 조직혁신과 정보기술혁신 분야로 구분하여 이루어지고 있으며, 인터넷혁신은 정보기술혁신의 하부개념으로 수행되고 있다. 이들 연구의 대부분은 기업 혹은 조직이 혁신을 결정하게 되는 요인에 중점을 두고 있으며, 인터넷 분야에서도 기업이 B2B 혹은 B2C 전자상거래를 도입하게 되는 결정요인을 규명하는 연구가 많다. 그러므로 인터넷혁신을 이해하기 위해서는 조직혁신과 정보기술혁신에 관한 선행연구를 검토하고, 인터넷 도입의 결정요인이 무엇인지를 확인할 필요가 있다.

1. 혁신도입의 결정요인 연구

혁신도입의 결정요인에 관한 선행연구를 조직혁신, 정보기술혁신 및 인터넷혁신 분야별로 정리하면 다음과 같다.

1) 조직혁신 관련 연구

조직혁신과 관련된 대부분의 연구는 Rogers(1983)의 혁신이론을 기반으로 조직의 혁신채택 및 도입의 관점에서 활성화되어 있다. Rogers(1983)는 <그림 1>에서처럼 조직의 혁신채택에 영향을 미치는 요인으로 개별적 특성, 조직내부 특성, 조직외부 특성을 제안하였다.

첫째, 개별적 특성은 조직 구성원 개개인의 변화에 대한 태도를 의미하며, 조직 구성원의 변화에 대한 태도가 적극적일수록 그 조직의 혁신능력이 커진다.

둘째, 조직내부 특성은 조직구조의 내적특성으로, 여기에는 권력이나 의사결정의 집중화 정도, 업무의 복잡성 및 공식화 정도, 상호연관성, 조직의 여유 및 규모 등이 포함된다. 집중화는 조직에서의 권력과 통제기능이 상위 경영층에 집중되어 있는 정도로서, 권력이나 의사결정 권한이 상위 경영층에 집중되어 있을수록 조직의 혁신능력은 커진다. 복잡성은 조직 구성원이 가지고 있는 전문적인 지식이나 전문성의 정도로 전문성이 높을수록 해당 업무가 복잡하며, 전문적인 지식이 많은 구성원들로 이루어진 조직일수록 그 조직의 혁신기회가 많아지고 혁신성이 높아진다.

공식화는 조직 구성원이 업무를 수행하는 데 따라야 할 규정이나 절차를 강조하는 정도인데, 공식성 정도가 클수록 혁신을 하고자 하는 조직의 능력에 부정적인 영향을 미치므로 규정이나 절차가 많은 조직일수록 혁신성이 낮아진다. 상호연관성은 조직 구성원 간의 의사소통 정도나 부서 간의 의사소통 기회 정도를 나타내며, 조직의 상호연관성이 높을수록 혁신의 기회가 많아지고 조직의 혁신성이 높아진다. 조직의 여유는 조직의 여유자원 보유 정도로 조직의 규모와도 관련이 있다. 즉, 조직이 여유자원을 가지고 있다는 것은 혁신을 위해 사용할 수 있는 자원을 보유하고 있다는 뜻이고, 조직의 규모가 클수록 혁신을 위한 충분한 인원이나 자금 등 여유자원이 많다는 것을 의미한다.

셋째, 조직외부 특성은 조직의 체계가 얼마나 개방되어 있는가와 연관이 있다. 조직이 개방되어 있을수록 그 조직은 환경변화에 민감하게 반응하고, 경쟁 상황에서 살아남기 위해 조직은 계속해서 혁신하게 되며, 조직이 다른 외부조직과 관련이 많을수록 그 조직의 혁신성은 커진다.

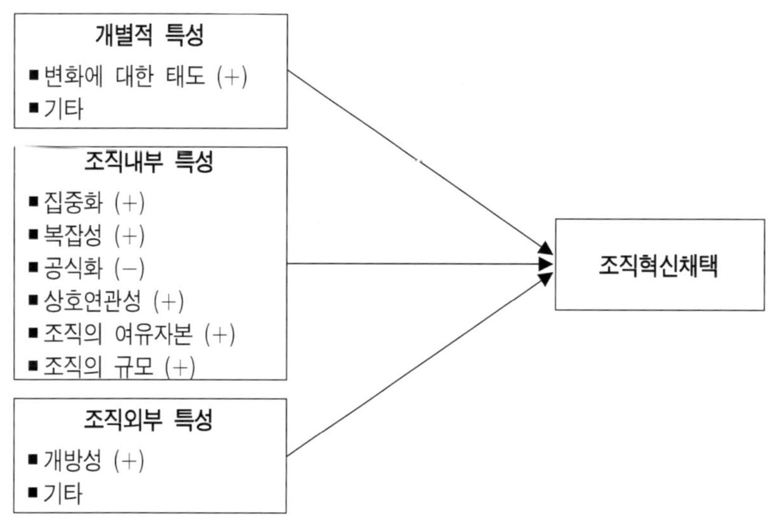

*출처: Rogers, E. M.(1983). *Diffusion of Innovations*, 3rd ed., New York: Free Press.

〈그림 1〉 Rogers의 혁신채택모델

이와 같은 Rogers(1983)의 혁신이론은 조직 차원에서 다양한 혁신 대상을 채택하는 원인과 채택과정에 대한 풍부한 시사점을 제공하였고, 기업 차원에서 혁신기술이나 소프트웨어 및 장비를 채택하는 연구에 응용되어 왔으며, 인터넷 마케팅 및 전자상거래 도입에 관한 연구가 활발해지면서 Rogers(1983)의 혁신이론이 재조명되고 있다.

조직의 혁신도입을 연구한 Downs, Mohr(1976)는 혁신의 혜택과 비용, 자원, 위험성이 조직혁신의 중요한 영향요인임을 밝혔고, Kimberly(1981)는 관리적 혁신에 관한 기존 연구를 통합하여 관리자 및 구성원, 조직 구조, 조직 간 관계유형, 조직 환경이 관리적 혁신에 영향을 미친다고 하였다. 조직혁신의 개인·조직적 결정요인을 밝힌 Tabak, Barr(1982)는 자신감, 위험부담성향 및 조직전략, 정보처리능력, 자원가용성이 혁신도입에 영향을 미친다고 하였고, Amabile(1988)는 개인 및 집단의 창의성과 조직혁신과의 관계모형을 개발하였으며, Kanter(1988)는 아이디어 창출, 혁신 실행화, 기반구축, 아이디어 이전 및 확산이 조직혁신의 결정요인이라고 언급하였다.

이 외에 Damanpour(1991)는 환경 불확실성과 조직규모, 조직형태 및 혁신속성이 조직의 혁신도입에 영향을 미친다고 하였으며, Van de Ven(1993)은 혁신특성과 관리특성, 사회시스템 특성이 조직혁신의 영향요인임을 규명하였다. 그리고 Drazin, Schoonhoven(1996)은 조직혁신에 대한 기존연구의 종합을 통해 전략, 최고경영층의 행동, 조직특성, 개인 / 프로젝트 특성, 혁신방해요인이 조직혁신에 영향을 미친다고 하였다.

이상에서 언급한 조직의 혁신도입에 관한 연구를 요약하면 <표 6>과 같다.

〈표 6〉 조직의 혁신도입에 관한 선행연구

연구자	연구내용	분석방법	결 과
Amabile(1988)	개인·집단 창의성과 혁신에 관한 모형개발	개념연구	개인 창의성과 집단 창의성이 조직혁신에 영향을 미침.
Damanpour (1991)	기존 연구를 통해 혁신에 영향을 미치는 요인 분석	메타분석	환경 불확실성, 조직규모, 조직형태, 혁신속성이 조직혁신에 영향을 미침.
Downs, Mohr(1976)	혁신에 영향을 미치는 요인 분석	개념연구	혁신의 혜택, 비용, 자원, 위험성이 조직의 혁신도입에 영향을 미침.
Drazin, Schoonhoven (1996)	조직혁신에 대한 기존연구의 종합을 통해 영향요인 규명	기존연구 종합	전략, 최고경영층행동, 조직특성, 개인/프로젝트 특성, 혁신방해요인이 조직혁신에 영향을 미침.
Kanter(1988)	조직혁신의 구조적 조건 규명	개념연구	아이디어 칭출, 혁신 실행화, 기반 구축, 아이디어 이전 및 확산이 조직혁신에 영향을 미침.
Kimberly(1981)	관리적 혁신에 대한 기존 연구 통합	개념연구	관리자 및 구성원, 조직 구조, 조직 간 관계유형, 조직 환경이 관리적 혁신에 영향을 미침.
Rogers (1983, 1995)	혁신의 확산과 관련 기존연구 개관 및 이론제시	개념연구	혁신의 확산을 촉진시키는 요인으로 개인특성, 환경특성, 혁신특성을 제시.
Tabak, Barr(1982)	조직혁신의 개인·조직적 결정요인 규명	회귀분석	자신감, 위험부담성향 및 조직전략, 정보처리능력, 자원 가용성이 혁신도입에 영향을 미침.
Van de Ven(1993)	조직혁신의 영향요인 규명	개념연구	혁신특성, 관리특성, 사회시스템 특성이 조직혁신에 영향을 미침.

2) 정보기술혁신 관련 연구

정보기술혁신에 관한 연구는 조직혁신이론을 근거로 하여 기업에서 정보기술 도입의 결정요인 규명에 중점을 두고 있으며, 인터넷 혁신연구는 새로운 기술의 도입이라는 측면에서 정보기술혁신 연구의 연장선상에 있다. Tornatzky, Fleischer(1990)는 기술혁신 도입에 관한 이론적 모형을 <그림 2>와 같이 제안하면서 기술혁신을 도입하는 프로세스에 영향을 미치는 요인으로 외부환경상황과 기술상황, 조직상황을 거론하였다. 여기서 외부환경상황은 기업이 비즈니스를 수행하는 영역으로서 관련 산업, 경쟁업자, 규제, 정부와의 관계 등을 의미한다. 이러한 외부환경상황은 기술혁신에 대한 제한사항과 기회를 제공하는 기업외부에 존재하는 요인이며, 이들 가운데서 경쟁적인 시장세력 및 시장 불확실성과 같은 시장상황은 혁신 프로세스의 주된 요인이라 할 수 있다. 기술상황은 기업이 이용할 수 있는 기술특성이 도입 프로세스에 어떤 영향을 미치는지가 주된 관심사이며, 조직상황에는 기업의 규모나 집중화 정도, 의사소통 프로세스, 인력이나 자금 등의 여유자원이 포함된다. 이러한 3가지 요인이 기술혁신의 도입 및 실행을 촉진 혹은 저해시킨다고 보는 Tornatzky, Fleischer(1990)의 이론적 모형은 기술혁신 연구의 기초를 제공하고 있다.

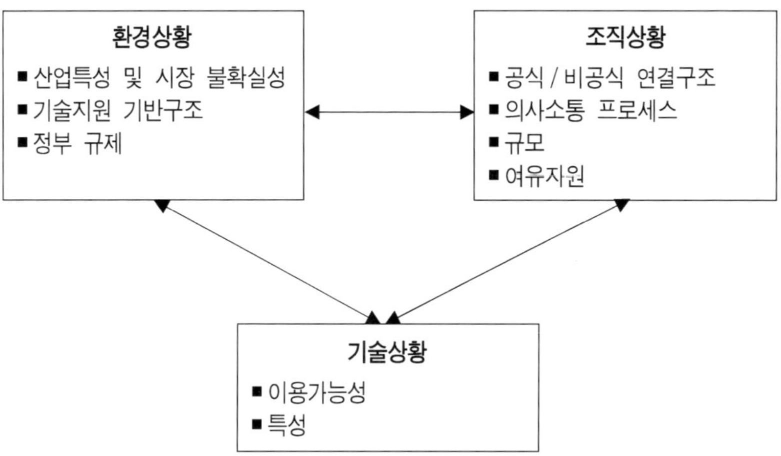

*출처: Tornatzky, L. G., & M. Fleischer(1990). *The Processes of Technological Innovations*, Lexington, MA: Lexington Books.

〈그림 2〉 Tornatzky and Fleischer의 혁신도입모델

Grover and Goslar(1993)는 정보통신기술 분야에 있어서 조직의 혁신 프로세스를 시작(initiation), 도입(adoption), 실행(implementation)의 3단계로 구분하고, 이에 영향을 미치는 요인을 외부환경의 불확실성과 조직요인, 기술요인으로 구성하였다. 외부환경 불확실성에는 경쟁 및 정보 집약도, 고객 영향력 등이, 조직요인에는 조직규모, 의사결정의 집중화 정도, 규칙 및 절차에 대한 정형화 정도 등이 포함되고, 기술요인은 정보시스템(IS)의 성숙도를 의미한다. 이들 요인과 정보통신기술의 혁신과정(시작, 도입, 실행)과의 관계에 있어 환경의 불확실성과 정형화가 강한 영향을 미친 데 반해 의사결정의 집중화 정도는 비교적 약한 영향을 미치고 있었다.

Premkumar, Ramamurthy and Nilakanta(1994)는 EDI를 채택한 기업의 혁신확산을 도입, 내부확산, 외부확산, 실행성공으로 보고, 201개 업체를 대상으로 EDI 채택에 영향을 미치는 요인을 규명하였다. 특히 기술요인(상대적 이점과 복잡성, 적합성, 전달성, 비용, 경과시간)에 중점을 두어 연구하였는데, EDI 도입에 영향을 미치는 요인은 상대적 이점, 비용, 호환성이었고, 내부확산에는 상대적 이점, 경과기간이, 외부확산에는 호환성과 경과기간이, 그리고 실행성공에는 적합성과 비용이 영향요인인 것으로 밝혀졌다. 중소기업의 기업 간 거래시스템 도입 행동에 대해 연구한 Iacovou, Benbasat and Dexter(1995)는 인지된 이익, 조직준비성, 기업외부 압력의 3가지 요소가 EDI 도입에 미치는 영향을 분석하면서 중소기업의 기업 간 거래시스템 도입에 기업외부압력과 인지된 이익이 강한 영향을 미치고 있음을 발견하였다.

또한 Chau and Tam(1997)은 Tornatzky, Fleischer(1990)의 혁신도입모델에 근거하여 개방시스템 혁신도입프로세스에 영향을 미치는 요인을 파악하였다. 이들은 기업의 개방시스템 채택이 장기적이고 지속적인 효과는 물론 정보기술 하부구조 측면에서 중요한 분기점이 되었다고 주장하면서 개방시스템 채택에 영향을 미치는 요인을 기업외부환경인 시장 불확실성, 개방시스템 기술특성인 인지된 이익, 지각된 장애, 표준화와 상호운영성, 상호연결성에의 적용에 관한 인지된 중요성, 그리고 기업의 기술특성인 정보기술 기반구조의 복잡성, 현 시스템에의 만족, 시스템개발과 관리에 대한 공식화 정도로 하여 <그림 3>과 같은 통합 모형을 개발하였다.

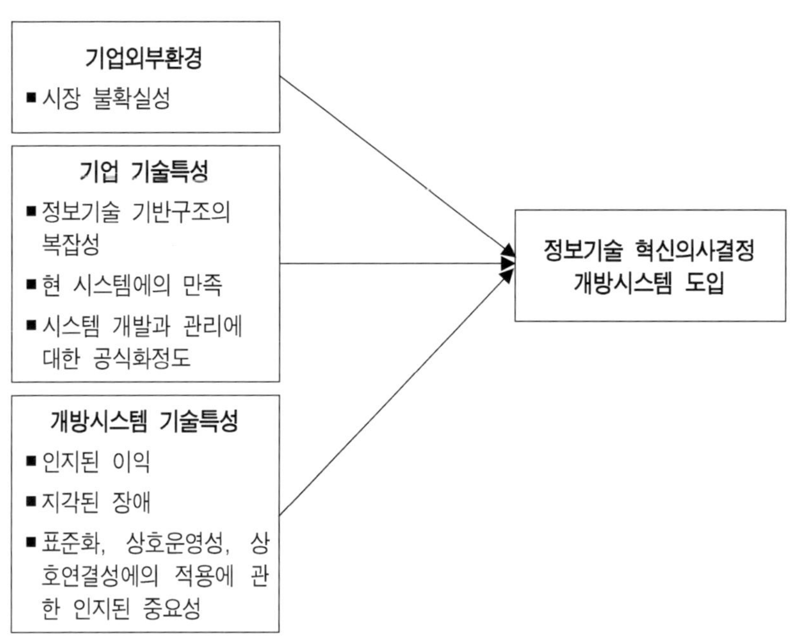

*출처: Chau, P. Y. K., & K. Y. Tam(1997). Factors Affecting the Adoption of Open Systems: An Exploratory Study, *MIS Quarterly, 21*(1), 12.

〈그림 3〉 Chau and Tam의 개방시스템 혁신도입모델

이 연구에 이어 Chau and Tam(2000)은 개방시스템 도입의사결정에 영향을 미치는 요인을 기술의 발전에 따른 'technology-push' 관점과 사용자의 'need-pull' 관점에서 살펴보았다. technology-push 요인에는 기술도입에 따른 이익, 도입비용을, need-pull 요인은 현재 사용 중인 컴퓨터시스템에 대한 사용자 만족도 수준, 시장불확실성 수준을, 그리고 추가요인으로 정보기술 인적자원의 이용도, 정보

시스템 개발 및 관리에의 정형화 수준을 사용하였다. 이 중에서 개방시스템 도입의사결정에 영향을 미치는 요인은 도입비용, 컴퓨터시스템에 대한 사용자 만족도 수준, 정보기술 인적자원의 이용도였으며, 기술도입 이익과 시장 불확실성 수준, 정보시스템 개발 및 관리에의 정형화 수준은 유의하지 않은 것으로 밝혀졌다.

이상에서 살펴본 정보기술혁신 연구에서 거론한 정보기술 도입의 결정요인을 정리하면 다음과 같다(<표 7>).

<표 7> 정보기술 혁신도입의 결정요인

연구자 \ 요인	환경요인				조직요인					기술요인						
	환경불확실성	경쟁자의영향	외부압력	내부압력	조직규모	집권화	공식화	조직자원	최고경영자의지원	IS성숙도	호환성	복잡성	적합성	상대적이점	인지된장애	비용
Chau, Tam(1997)	●						●				●		●	●	●	
Chau, Tam(2000)	●						●	●						●		●
Grover & Goslar (1993)	●	●			●	●	●		●	●		●	●			
Pemkumar et al. (1994)												●	●	●		●
Iacovou et al. (1995)			●		●			●	●					●		
Tornatzky, Fleischer(1990)	●	●	●		●	●		●	●		●		●	●	●	●

3) 인터넷혁신 관련 연구

혁신이 '개인이나 조직, 기업, 사회가 새로운 기술 및 아이디어, 제품 등을 채택, 수용하는 행위'를 뜻한다면, 인터넷혁신은 '개인이나 조직, 기업 및 사회가 인터넷이라는 새로운 기술을 채택 혹은 수용하는 행위'라고 할 수 있다. 본 연구는 기업의 관점에서 인터넷혁신을 연구하고자 하며, 패션기업이 인터넷을 새로운 유통채널로 수용하거나 기업 정보의 전달 및 제품 소개, 소비자와의 관계마케팅을 수립하는 등 인터넷을 활용하여 다양한 마케팅 및 상거래 활동을 수행하는 것을 일컬어 인터넷혁신이라 지칭한다.

인터넷혁신에 관한 여러 연구에서는 기업의 인터넷 도입 결정요인을 확인하거나 인터넷 도입기업과 미도입기업 간의 차이를 밝히는 데 중점을 두고 있다. Ketting and Hackbarth(1997)는 정부나 대규모 민간부문의 조달입찰을 소규모 공급업자와 연결시키는 전자상거래 네트워크에 참가한 17개 소기업을 조사하여 지각된 이익과 조직준비성이 이들 기업의 전자상거래 기술도입에 중요한 영향요인임을 발견하였고, Teo et al.(1999)는 기술혁신이론과 상황적합이론을 근거로 기업의 인터넷 도입에 영향을 미치는 요인을 조직적 요인, 기술적 요인, 환경적 요인으로 구분하여 실증연구를 수행하였다.

Yu(2007)는 종업원이 1,000명에서 3,000명 정도인 타이완의 기업 중에서 B2B e-마켓플레이스에 참여한 94개 업체와 참여하지 않은 108개 업체로 전체 202개 업체를 대상으로 하여 혁신관점에서 B2B e-마켓플레이스의 채택에 영향을 미치는 요인을 살펴보았다. 그 결과 전체 기업의 B2B e-마켓플레이스의 채택에는 기업 특성, 비즈니스 경쟁 환경 및 최고경영자의 지원요인이 영향을 미치고 있었는데, 미참여기업의 채택의도에는 비즈니스 경쟁 환경이, 참여기업의 지속적인 채택의도에는 비즈니스 경쟁 환경과 최고경영자의 지원이 영향요인이었다. 이를 통하여 기업의 B2B e-마켓플레이스 채택의 결정요인을 규명함과 동시에 B2B e-마켓플레이스 참여기업과 미참여기업 간 결정요인의 차이를 입증하였다.

혁신이론을 수용한 국내 연구의 대부분은 B2B 혹은 B2C 전자상거래 도입의 결정요인을 규명하는 데 집중되어 있다. 안중호와 김용영(1999)은 Tornatzky, Fleischer(1990)의 혁신도입모형을 B2C 전자상거래 상황에 적용하여 외부환경(시장 불확실성, 경쟁업체와 경쟁관계), 조직적 준비(인지된 이익, 최고경영층의 지원), 기술적 준비(정보시스템 기반구조)가 전자상거래 도입에 미치는 영향을 연구하였다. 조사대상은 서울지역 중소기업 중 전자상거래 도입기업 18개, 미도입기업 44개로 총 62개 업체의 전산/정보시스템 관련 업무 담당자였으며, B2C 전자상거래 도입 여부에 따라 외부환경과 조직적 준비에 집단 간 차이가 있음을 발견하였다.

제조 및 서비스기업 62개 업체를 실증 조사한 서창교, 이형석(2000)은 환경 불확실성과 조직요인(조직크기, 집중화 및 정형화), 정보시스템 성숙도가 전자상거래 인식, 채택 및 구현에 영향을 미치는 주요 변수임을 검증하였고, 서창교, 유정형, 이영숙(2001)은 기업의 B2B 전자상거래 참여에 영향을 미치는 요인을 규명하였다. 연구과정에서

환경특성(경쟁강도, 환경 불확실성), 조직특성(최고경영층 지원, 정보시스템 기반구조), 혁신특성(인지된 상대적 이점, 양립성, 복잡성), 그리고 조직 간 특성(의존성, 거래풍토)을 영향요인으로 설정하였는데, 최고경영층의 지원과 정보시스템 기반구조와 같은 조직특성만이 B2B 전자상거래 참여에 영향을 미치는 것으로 나타났다. 이들의 연구는 탐색적 연구로서 국내 기업을 대상으로 전자상거래 채택 및 참여의도를 규명하였다는 점은 높이 평가할 수 있으나, 표본이 일부 기업에 편중되어 있어 연구의 일반화에 한계가 있다.

혁신수용론적 관점에서 기업의 B2C 전자상거래 시스템 도입의도에 관한 탐색적 연구를 실시한 이만교, 박관희(2000)는 기업의 전자상거래 시스템 도입에 영향을 미치는 요인을 환경요인(시장의 경쟁 정도, 제품 수요의 안정성, 고객의 상표 충성도 등 환경 불확실성), 조직요인(인지된 이익, 기업 규모, 기업 구조, 기업 문화), 기술요인(정보기술의 하부구조, 전자상거래 시스템의 규모 및 비용)의 3가지로 분류하였다. 이 연구를 발전시켜 이만교(2002)는 서울과 수도권, 광역도시에서 출판업과 서적유통업을 하는 232개 업체를 대상으로 인터넷 전자상거래 도입의도에 관한 실증적 연구를 수행하였다. 이들 업체의 전자상거래 도입의도의 결정요인은 기업 외부요인(시장 불확실성, 경쟁업체의 전자상거래 도입압력)과 기업 내부요인(기업의 규모, 조직구조의 분권화, 정보시스템의 기반구조), 경영자의 특성(혁신성, 전산지식), 인지된 이익, 인지된 장벽이었으며, 이 중 기업의 규모와 경영자의 혁신성, 인지된 장벽이 전자상거래 도입의도에 유의한 영향을 미친다는 사실을 발견하였다.

김재욱, 이성근, 최지호(2003)는 사회교환이론, 환경요인 및 혁신수용과 관련된 조직요인 측면에서 MRO(maintenance, repair, and operations) e-마켓플레이스에 참여하고 있거나 참여할 의도가 있는 기업의 구매 담당 관리자 135명을 대상으로 B2B e-마켓플레이스 참여의도에 영향을 미치는 요인을 규명하였다. 선행요인인 환경요인에는 경쟁자의 수, 정부나 산업협회의 압력, 환경 불확실성이, 조직요인에는 기술적 기회주의 수준(새로운 기술을 감지, 반응하는 조직의 능력)과 기업의 기존자산이, 그리고 사회교환이론을 배경으로 한 기대된 혜택과 전환비용이 포함되었다. 이들 중 기술적 기회주의를 제외한 모든 변수가 B2B e-마켓플레이스 참여의도에 영향을 미치는 것으로 나타났으며, B2B e-마켓플레이스의 잠재적 참여기업이 어떤 특성을 지니고 있는지를 확인하였다. 하지만 B2B 전자상거래 참여의도에 영향을 미치는 선행요인이 산업의 특성에 따라 달라질 수 있기 때문에 각 산업별로 개별분석을 실시해야 한다고 주장하였다.

지성구, 임채운(2004)은 국내외 혁신연구를 기반으로 제조업과 서비스업 중 B2C 형태의 인터넷 쇼핑몰을 도입하지 않은 기업 종사자 216명을 대상으로 인터넷 쇼핑몰 도입의도를 연구하였다. <그림 4>와 같은 연구모델을 설정하는 과정에서 지각된 상대적 혜택과 장애, 조직준비성, 대내외적 압력을 선행요인으로 선택하였다. 지각된 상대적 혜택은 경영성과 향상, 비용절감, 시장반응성 제고, 경로특유의 장점, 경로파워 증가, 고객관계관리로, 지각된 장애요인은 초기투자비용, 유지 / 재투자비용, 고객이탈비용, 전환비용, 조직내부의 저항으로,

조직준비성은 최고경영층의 지원, 조직역량, 미래시장 지향성으로, 그리고 지각된 대내외 압력요인은 대외적 압력, 대내적 압력으로 구성되었다. 이들 요인이 인터넷 쇼핑몰 도입의도에 미치는 영향을 분석한 결과, 고객관계관리와 유지 / 재투자비용, 초기투자비용, 고객이탈비용을 제외한 모든 변수가 영향요인인 것으로 밝혀졌다.

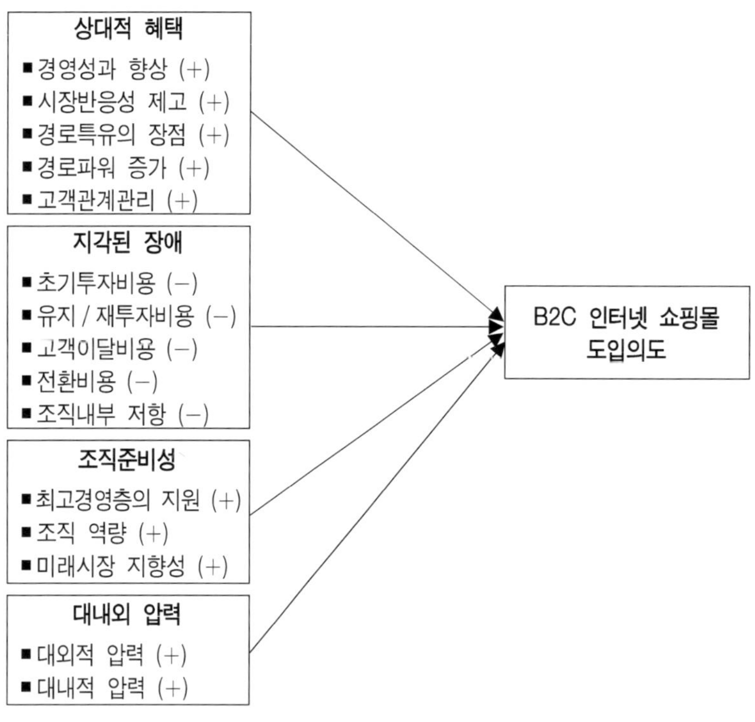

*출처: 지성구, 임채운(2004). 기업의 인터넷 쇼핑몰 채택의도의 결정요인. 유통연구, 9(2), 10.

〈그림 4〉 지성구, 임채운의 B2C 인터넷 쇼핑몰 도입모델

이상에서 설명한 인터넷혁신 연구들은 기업의 B2B 혹은 B2C 전자상거래 도입의도의 결정요인을 확인한 것에 의의를 둘 수 있다. 그러나 일부 산업 분야에 한정되어 있어 그 결과를 패션 기업으로 확대해석할 수 없으며, 미도입기업을 중심으로 전자상거래 채택 및 도입의도만을 집중적으로 조사하였다는 한계를 지닌다. 다음 <표 8>은 인터넷 혁신도입에 관한 선행연구를 요약한 것이다.

〈표 8〉 인터넷 혁신도입에 관한 선행연구

연구자	독립변수	종속변수	결　과
김재욱, 이성근, 최지호(2003)	환경요인, 조직요인, 기대된 혜택, 전환비용	B2B e-마켓플레이스 참여의도	조직요인 중 기술적 기회주의를 제외한 모든 요인이 B2B e-마켓플레이스 참여의도에 영향을 미침
서창교, 유정형, 이영숙(2001)	환경특성, 조직특성, 혁신특성, 조직 간 특성	B2B 전자상거래 참여	최고경영층의 지원, 정보시스템 기반구조와 같은 조직특성만이 B2B 전자상거래 참여에 영향을 미침
서창교, 이형석 (2000)	환경불확실성, 조직요인, 정보시스템성숙도	전자상거래 인식, 채택 및 구현	환경 불확실성, 조직요인, 정보시스템성숙도는 전자상거래 인식, 채택 및 구현의 영향요인임
안중호, 김용영 (1999)	외부환경 조직준비 기술적 준비	B2C 전자상거래 도입	외부환경과 조직적 준비에서 B2C 전자상거래 도입기업과 미도입기업 간에 차이가 있음을 밝힘.
이만교(2002)	기업외부요인, 기업내부요인, 경영자특성, 인지된 이익, 인지된 장벽	인터넷 전자상거래 도입의도	기업의 규모와 경영자의 혁신성, 인지된 장벽이 전자상거래 도입의도에 유의한 영향을 미침

연구자	독립변수	종속변수	결 과
지성구, 임채운 (2004)	지각된 상대적 혜택, 지각된 장애, 조직준비성, 대내외적 압력	B2C 인터넷 쇼핑몰 채택의도	고객관계관리와 유지 / 재투자비용, 초기투자비용, 고객이탈비용을 제외한 모든 변수가 인터넷 쇼핑몰 채택의도의 영향요인임
Ketting, Hackbarth (1997)	지각된 이익 조직준비성	전자상거래 기술 채택	지각된 이익, 조직준비성이 전자상거래 기술채택에 영향을 미침
Teo et al.(1999)	조직요인, 기술 요인, 환경요인	인터넷 채택	조직요인, 기술요인, 환경요인이 인터넷 채택에 영향을 미침
Yu(2007)	기업특성 외부경쟁환경 최고경영자지원	B2B e-마켓플레이스 채택	기업 특성, 비즈니스 경쟁환경 및 최고경영자의 지원요인 모두 B2B e-마켓플레이스 채택에 영향을 미침

2. 인터넷 혁신도입의 결정요인

기업의 인터넷 도입의 결정요인에 관한 대부분의 연구는 혁신이론을 기초로 하고 있다. 기존의 혁신연구에서는 환경요인, 조직요인 및 기술요인을 혁신도입의 결정요인으로 보고 있으며, 인터넷분야 연구의 경우 전자상거래라는 특수상황을 고려하여 기업 내외부 환경특성, 최고경영층의 지원과 조직역량, 조직규모, 미래시장지향성 등의 조직특성, 지각된 상대적 이점 및 장애 등의 혁신특성을 언급하고 있다. 이와 같은 기업의 인터넷 도입에 영향을 미치는 요인에 관해 구체적으로 살펴보면 다음과 같다.

1) 환경특성요인

기업이 인터넷을 마케팅이나 상거래수단으로 도입하는 환경요인으로 시장 불확실성과 지각된 대내외적 압력을 들 수 있다. 선행연구(강낙중, 2002; 김재욱 외, 2003; 서창교, 이형석, 2000; 안중호, 김용영, 1999; Damanpour, 1991; Grover & Goslar, 1993)에서는 환경특성이 기업의 인터넷 마케팅이나 전자상거래 도입에 영향을 미치는 주요 요인이라고 하였으며, Abrahamson and Rosenkopf(1993)는 환경특성에는 시장상황이나 경쟁 정도, 고객의 수요, 고객의 충성도 및 가격할인 등과 같은 요인이 포함된다 하였다.

시장 불확실성은 시장상황의 경쟁 정도가 심하고 앞으로 시장이 불안정하여 예측하기가 쉽지 않은 정도로서, 시장경쟁이 심하면 혁신의 확산이 빠르게 진행되므로 시장 불확실성과 정보기술의 도입 및 수용 간에는 중대한 관련성이 있다. 또한 지각된 대내적 압력은 기업 내의 영향력 있는 다수의 임직원 혹은 직원이 인터넷 도입에 적극적인 입장임을 지각한 정도를 나타내며, 임직원 혹은 직원들이 혁신에 옹호적일수록 기업의 인터넷 도입이 보다 촉진될 수 있다(Iacovou et al., 1995). 이와 관련하여 Chandy and Tellis(1998)는 기업 내 영향력 있는 제품 옹호자가 있으면 성공적으로 제품을 혁신할 수 있다고 주장하였고, 지성구, 임채운(2004)은 기업 내부에 혁신을 선도하거나 의사결정에 영향력 있는 임직원이 많고 인터넷 상거래에

대해 옹호적 자세를 취하는 직원이 많을수록 인터넷 쇼핑몰 도입의
도가 높아진다고 하였다.

지각된 대외적 압력요인은 주요 고객이나 거래업체가 인터넷 도입
을 원하거나 산업 내 주요 경쟁기업에서 인터넷을 적극적으로 채택함
으로써 이러한 외부적 압력을 감지한 정도를 의미한다. Keen(1991)은
산업 내에 도입된 신정보기술이 경쟁자들에게 위협적으로 느껴질수록
이를 채택하는 확률이 높아진다고 언급하였고, Iacovou et al.(1995)은
주요 거래업체를 비롯한 경쟁업체의 압력이 기업의 기술혁신 도입에
있어 촉진요인이라 하였으며, Porter(2001)는 웹(web)을 통한 경쟁적
우위를 얻기 위해서는 고객에게 특별한 가치를 전달함으로써 경쟁자
와 다른 포지셔닝 전략을 구사해야 한다고 주장하였다. 그러므로 고객
혹은 잠재고객의 구매행동 변화로 인해 인터넷을 통한 상품 구매가
증가하기나 백화점, 대형 할인점 등 주요 공급업체에서 인터넷 쇼핑몰
을 도입할 경우, 그리고 인터넷 상거래를 도입한 경쟁업체 수가 많을
수록 패션 기업에서 인터넷을 혁신적으로 도입할 가능성이 높아진다.

2) 조직특성요인

정보기술 및 전자상거래 관련 선행연구에서는 최고경영층의 지원
과 조직역량, 조직규모 및 미래시장 지향성 등의 조직요인이 기업의
혁신도입에 영향을 미친다고 하였다. 이 중 최고경영층의 지원은 인
터넷 도입의 원동력이 되는 요소로서, 많은 연구자(지성구, 임채운, 2004;
Cooper & Zmud, 1990; Cragg & King, 1993; Foong, 1999; Kwon &

Zmud, 1987; Premkumar & Roberts, 1999)들은 최고경영층의 지원이 부족할 경우 기술혁신이 성공적으로 도입, 실행되지 않는다고 주장하였다. 여기에는 최고경영층의 확고한 신념이나 비전, 전폭적인 지원은 물론 새로운 경영기법이나 기술정보를 도입하려는 혁신성 등이 포함되며(이만교, 2002; 지성구, 2003; Johne, 1996; Johne & Storey, 1998), 최고경영층의 지원 수준이 높을수록 패션 기업의 인터넷 도입이 보다 신속하게 이루어질 것이다.

기업이 인터넷을 성공적으로 활용하기 위해서는 새로운 많은 역량이 요구된다. 이러한 조직역량으로 인터넷 마케팅 및 상거래 운영을 위한 전문적인 기술의 확보, 하드웨어, 소프트웨어 등 정보시스템 기반구조의 도입 여부, 이를 운용할 수 있는 전문인력 및 재무적 자원의 확보 등을 들 수 있다. Grover and Goslar(1993)는 정보기술의 하부구조가 탄탄한 기업일수록 조직 간 정보시스템을 많이 채택한다고 하였고, Kettinger and Hackbarth(1997)는 컴퓨터의 진보수준이 낮은 정보시스템 기반구조를 보유한 기업의 전자상거래 도입에는 어려움이 있다고 하였다. 정보시스템 기반구조를 하드웨어와 소프트웨어 보유수준, 관련전문기술과 노하우, 컴퓨터시스템의 개발과 관련된 인력 보유수준, 네트워크 보유수준 등으로 구체화한 Premkumar and Ramamurthy(1995)에 의하면 정보시스템 기반구조가 탄탄한 기업일수록 인터넷을 성공적으로 도입할 수 있다. 또한 여러 선행연구(지성구, 2003; Iacovou et al., 1995; Swatman & Swatman, 1991)에서는 기술정보의 도입에 있어 기업의 재무적 자원도 중요한 결정요인임을 언급하였다.

조직규모는 자본금, 종업원 수, 매출액, 정보시스템 부서 및 부서원의 수 등으로 측정된다. 선행연구(Grover & Goslar, 1993; Iacovou et al., 1995; Tornatzky & Fleischer, 1990)에서는 조직규모를 조직 및 기술혁신 도입에 영향을 미치는 요인으로 간주하고 있으며, 조직규모가 클수록 정보시스템 도입에 보다 적극적일 것으로 고려되고 있다. 하지만 본 연구의 대상인 패션기업의 경우 대다수가 중소규모를 이루고 있고 그 규모를 측정하기가 쉽지 않기 때문에 조직규모를 조직특성요인에서 제외하였다.

한편, 인터넷과 같은 정보기술의 급성장은 기존 세분시장을 불안정하게 할 수 있으며, 현재 시장지향적인 기업은 변화하는 고객의 욕구와 필요를 충족시키지 못할 수 있다. Johne(1996)은 단기적 이익이나 이윤 확보보다 미래시장의 성장성에 대해 수용적인 기업들이 혁신을 빨리 수용한다고 하였으며, 미래지향적인 기업은 미래 이익, 미래의 고객세분시장 및 경쟁업체에 관심이 높을 것이다. 이러한 미래시장지향성에 대해 Chandy and Tellis(1998)는 '기업이 현존 고객과 경쟁자에 비해 상대적으로 미래 고객과 경쟁자를 강조하는 정도'라고 정의하면서 미래지향적인 기업일수록 보다 혁신적이라고 주장하였다. 이와 유사하게 Moormam and Miner(1997)는 기업이 미래지향적 가치를 존중할 경우 과거투자에 지나치게 몰입하지 않고 혁신적인 입장을 취한다고 하였고, 지성구, 임채운(2004)은 현재보다 미래의 비전을 강조하는 기업일수록 인터넷 쇼핑몰 도입의도가 높아진다고 하였다.

3) 지각된 이익요인

인터넷의 도입은 기업에게 여러 가지 이익을 제공해 줄 것으로 기대되며, 지각된 이익이란 기업이 인터넷을 도입할 경우 기존의 마케팅 혹은 상거래 도구와 비교하여 상대적으로 지각되는 이익을 의미한다. 이 지각된 이익요인은 크게 경영성과 향상, 비용절감, 경로파워 증가, 시장반응성 제고, 경로특유의 장점 및 고객관계관리 등으로 분류할 수 있다. 경영성과 향상은 Lederer, Mirchandani and Sims(1997), Teo and Too(2000), 서창교, 김병연, 이형석(2002), 지성구, 임채운(2004) 등의 연구에서 언급하였는데, 기업은 인터넷을 도입함으로써 시장점유율의 증가는 물론 수익성 개선, 자금흐름의 향상 및 매출증가를 통한 경쟁우위 등의 경영성과 향상을 인지할 수 있다.

비용과 혜택 관점에서 Robinson and Kalakota(2000)는 기업들의 전자상거래 도입이유에 대하여 설명하면서 거래비용, 물류비용, 유통비용의 감소가 기업의 경로효율성 증대에 기여할 것이라 하였고, 기업에서 유통비용이나 영업거래비용, 재고관리비용, 광고 및 촉진비용 및 고객관리비용 등의 감소를 인지할수록 인터넷 도입의도가 높아진다(Chappell & Feindt, 1999; 지성구, 2003). 뿐만 아니라 기업이 인지할 수 있는 이익으로 유통경로상의 파워를 들 수 있다. 여러 연구자(Burke, 1997; Narasimhan and Wilcox, 1998; Weitz and Jap, 1995)들은 제조기업과 유통기업 간의 경로파워의 균형화에 대하여 논의하였고, Alba et al.(1997)은 인터넷의 발전으로 인해 유통파워가 유통기업에서 제조기업으로 이동할 것이라 주장하였다. 제조기업은 인터넷 도입을 통해 제품과 서비스의 정보제공, 고객화, 시장침투율을 높임에 따라 기존 유통경로보다 유통업자에 대한 의존이 줄어들고 직접 판매를 통한 영향력이 증가한다. 따라서 인터넷 상거래를 통한 유통경로상의 파워 증가를 인지하는 기업일수록 인터넷을 더 빨리 도입할 것이다.

인터넷을 도입함으로써 기업이 인지할 수 있는 또 다른 이점으로 Alba et al.(1997), Pitt et al.(1999)은 표적 고객 혹은 최종 고객과의 의사소통 능력의 증진을 통한 호의적인 관계 구축 및 유지를 거론하였고, Hoffman and Novak(1996), Lynch and Ariely(2000)는 개별 소비자와의 효과적인 상호작용은 물론 관계마케팅 강화로 인한 고객 애호도 제고를, Greaves et al.(1999), Lancioni et al.(2000)은 장소와 시간의 무관성이라는 인터넷 상거래 특유의 장점, 글로벌 시장접근 등을 언급하였다. 이와 같은 기업에서 인지할 수 있는 이익요인은 인터넷 도입으로 인한 기대성과와도 연관성이 있으며, 지각된 이익요인을 높게 인지하는 패션기업일수록 인터넷 도입에 적극적일 것이다.

4) 지각된 장애요인

지각된 장애는 기업이 인터넷을 도입함에 따라 인지할 수 있는 전환 비용과 제반비용, 고객이탈 및 조직내부저항 등의 위험을 의미한다. 특히 인터넷을 마케팅이나 상거래 도구로 도입하여 유지하는 데 소요되는 높은 비용은 인터넷의 채택을 주저하게 하는 중요한 요인으로 간주된다. 이는 크게 전환비용과 제반비용으로 나누어지는데,

전환비용은 기존 유통업자를 교체하거나 새로운 공급업체를 탐색, 교체하는 데 발생하는 비용으로 여러 선행연구(Weiss & Anderson, 1992; Weiss & Heide, 1992; Heide & Weiss, 1995)에서는 전환비용을 일컬어 전환의 어려움으로 정의하고 있다. 지성구, 임채운(2004)은 인터넷 쇼핑몰 채택 시 인지되는 전환비용, 즉 새로운 거래업체의 탐색비용과 기존 거래업체의 교체비용, 거래업체 교체로 인한 고객손실비용, 마케팅 및 판매비용 등이 기업의 인터넷 쇼핑몰 채택에 영향을 미친다고 하였다.

제반비용은 인터넷을 도입하는 데 드는 초기투자비용, 초기시스템 구축비용, 물류시스템 구축비용, 유지 및 관리비용 등을 의미한다. 이 중에서 초기투자비용은 기업이 인터넷을 도입하기 위해 독립 부서를 배치하거나 사무실 임대, 등록비용 등의 재무적 투자비용을 뜻하며, 더 넓게는 초기에 투자하는 하드웨어나 소프트웨어 구입비, 서버 및 네트워크 구축비 등의 전자상거래시스템 구축비용과 물류시스템 구축비용까지 포함한다. 유지 및 관리비용은 인터넷 호스팅 서비스 비용 등의 사이트 관리비용과 사이트 유지에 드는 인건비, 광고, 판촉 및 홍보비용 등으로, 시스템을 확장하거나 업그레이드하는 데 드는 계속투자비용도 해당된다. 이러한 제반비용을 과다하게 인지할수록 기업은 인터넷 도입에 부정적인 태도를 지닌다(지성구, 2003; Dawson, 2000; Jutla et al., 1999).

다음으로 기업은 인터넷 도입으로 인해 고객이탈과 조직저항과 같은 위험을 인지할 수 있다. Alba et al.(1997)에 의하면 기업의 인터넷 유통경로 채택은 고객이 기존 유통경로에서 인터넷 유통경로로 이동되는 현상을 보여 새로운 판매증가가 나타나지 않을 수 있으며, 고객이 다른 유통업체로 이탈하거나 타사 인터넷 쇼핑몰로 이탈해 감에 따라 총판매량이 감소될 수 있다. 예를 들어, 패션기업에서 인터넷 백화점 쇼핑몰에 입점하였는데 쇼핑몰에서 이 기업에 대해 전혀 지원을 하지 않을 경우 경쟁사에게로 브랜드 전환이 발생할 가능성이 크다. 이 외에 기업이 인터넷을 도입함으로써 기존 거래관행 및 소프트웨어 등에 익숙해진 관리자나 판매원, 조직원 등의 저항이 발생할 수 있으며, 조직 내부의 저항이 강할수록 기업은 인터넷 도입에 적극적이지 않다. Mols et al.(1999), Mols(2001), 지성구와 임채운(2004) 등은 기존 경로구성원 간의 역할 갈등과 영역 충돌, 이해상충은 물론 사내 여러 부서의 갈등 및 저항, 기존 종업원의 반발 등과 같은 조직내부의 저항요인이 기업의 인터넷 도입에 부정적인 영향을 미칠 것으로 고려하였다.

상기에서 설명한 인터넷 도입의 결정요인에 관한 내용을 요약하면 <표 9>와 같으며, 이러한 요인들은 모든 산업 분야의 기업에 적용될 수 있다. 그러나 대부분의 연구들이 서적, 출판업, 은행, 제조업 및 서비스 등 일부 산업 분야에 국한되어 있어 그 결과를 패션 분야에 그대로 적용하기에는 무리가 있다. 따라서 본 연구는 패션기업을 대상으로 이들 기업이 인터넷을 혁신적으로 도입하는 데 영향을 미치는 요인을 규명하고자 한다.

<표 9> 인터넷 혁신도입의 결정요인

요 인	세부요인	내 용	대표연구자
환경특성 요인	시장 불확실성	시장상황의 경쟁 정도가 심하고, 앞으로의 시장이 불안정하여 예측하기가 쉽지 않은 정도	Damanpour(1991) Grover & Goslar(1993) 강낙중(2002), 김재욱 외(2003)
	대내적 압력	기업 내의 영향력 있는 다수의 임직원 혹은 직원이 인터넷 도입에 적극적인 입장임을 지각한 정도	Iacovau et al.(1995) Chandy & Tellis(1998) 지성구, 임채운(2004)
	대외적 압력	주요 고객이나 거래업체가 인터넷 도입을 원하거나 경쟁기업에서 인터넷 상거래를 채택하는 등 외부적 압력을 감지한 정도	Iacovau et al.(1995) Keen(1991), Porter(2001) 지성구, 임채운(2004)
조직특성 요인	최고경영층 지원	최고경영층의 인터넷 도입에 대한 확고한 신념이나 비전, 전폭적인 지원은 물론 새로운 경영기법이나 기술정보를 도입하려는 혁신성 등	Johne(1996) Johne & Storey(1998) 이만교(2002), 지성구(2003)
	조직역량	인터넷 도입을 위한 조직의 전문적인 기술 확보와 하드웨어, 소프트웨어 등 정보시스템 기반구조의 도입 여부, 이를 운용할 수 있는 전문인력 및 재무적 자원의 확보 등 조직의 역량	Swatman & Swatman (1991) Grover & Goslar(1993) Premkumar & Ramamurthy(1995) Kettinger & Hackbarth(1997)
	미래시장지향성	기업이 현존 고객과 경쟁자에 비해 상대적으로 미래 고객과 경쟁자를 강조하는 정도	Moormam & Miner(1997) Chandy & Tellis(1998) 지성구, 임채운(2004)
지각된 이익요인	경영성과 향상	인터넷 도입에 따른 시장점유율의 증가, 수익성 개선, 자금흐름의 향상 및 매출증가를 통한 경쟁우위 등 경영성과의 향상 정도	Lederer et al.(1997) Teo & Too(2000) 서창교 외(2002)
	비용 절감	유통비용, 영업거래비용, 재고관리비용, 광고 및 촉진비용 및 고객관리비용 등의 감소 정도	Chappell & Feindt(1999) Robinson & Kalakota(2000) 지성구(2003)

요 인	세부요인	내 용	대표연구자
지각된 이익요인	경로파워증가	인터넷을 도입할 경우 기존 유통경로보다 유통업자에 대한 의존이 줄어들고 직접 판매를 통한 영향력이 증가하는 정도	Alba et al.(1997) Burke(1997) Narasimhan & Wilcox(1998)
	시장반응성 제고	표적 고객 혹은 최종 고객과의 의사소통 능력의 증진을 통한 시장반응성 제고차원	Alba et al.(1997) Pitt et al.(1999)
	경로특유의 장점	장소와 시간의 무관성이라는 인터넷 특유의 장점, 글로벌 시장접근 등	Greaves et al.(1999) Lancioni et al.(2000)
	고객관계관리	개별 소비자와의 효과적인 상호작용은 물론 관계마케팅 강화로 인한 고객 애호도 제고	Hoffman and Novak(1996) Lynch and Ariely(2000)
지각된 장애요인	전환비용	기존 유통업자를 교체하거나 새로운 공급업체를 탐색, 교체하는데 발생하는 비용	Weiss & Anderson(1992) Heide & Weiss(1995)
	제반비용	초기투자비용, 초기시스템구축비용, 물류시스템 구축비용, 유시 및 관리비용 등의 제반비용	Jutla et al.(1999) Dawson(2000), 지성구(2003)
	고객이탈	고객이 다른 유통업체로 이탈하거나 타사 인터넷 쇼핑몰로 이탈하는 정도	Alba et al.(1997) 지성구, 임채운(2004)
	조직내부저항	기존 거래관행 및 소프트웨어 등에 익숙해진 관리자나 판매원, 조직원 등의 인터넷 도입에 대한 저항	Mols et al.(1999) Mols(2001) 지성구, 임채운(2004)

제3장

연구방법 및 절차

제1절 연구모형

본 연구는 Rogers(1983)의 혁신이론과 Tornatzky, Fleischer(1990)의 정보기술 혁신도입모델, Iacovou et al.(1995)의 EDI 도입모델, Chau and Tam(1997)의 개방시스템 도입모델, 이만교(2002)와 지성구, 임채운(2004)의 인터넷 쇼핑몰 도입모델을 기초로 하고 패션 기업의 특성을 고려하여 <그림 5>와 같은 인터넷 혁신도입모델을 설정하였다.

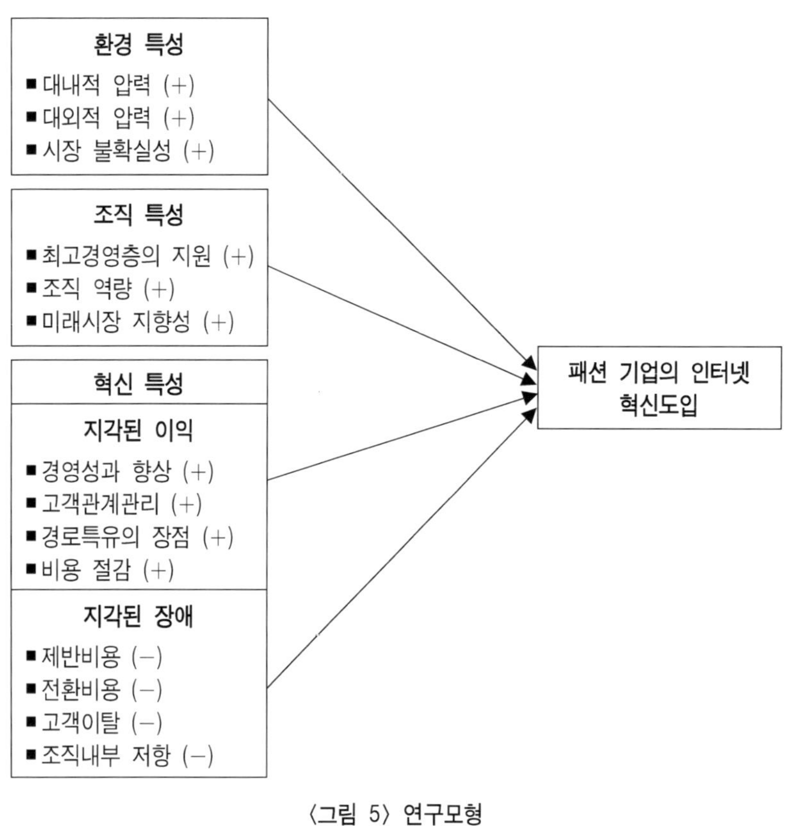

〈그림 5〉 연구모형

첫째, 사회학과 정보, 경영학 분야에서 검증되고 인터넷 분야에서
활발하게 논의되고 있는 혁신이론을 적용하여 인터넷 도입의 결정요
인을 크게 환경특성, 조직특성 및 혁신특성 요인으로 구분하고, 혁신
특성 요인을 지각된 이익과 장애요인으로 세분함으로써 패션 기업의
인터넷 도입에 영향을 미치는 요인을 규명하고자 하였다. 정보기술

혁신과 관련된 연구(Chau & Tam, 1997; Chau & Tam, 2000; Grover & Goslar, 1993; Iacovou et al., 1995; Tornatzky & Fleischer, 1990)와 전자상거래 혁신도입 연구(서창교, 이형석, 2000; 안중호, 김용영, 1999; 이만교, 박관희, 2000; Teo et al., 1999; Yu, 2007)에서는 환경요인과 조직요인, 기술요인으로 구분하여 기업 혁신의 결정요인을 거론하였으나, 본 연구는 서창교 외(2001)와 이만교(2002), 지성구(2003), 지성구, 임채운(2003) 등의 연구에서 제시한 지각된 이점과 장애도 인터넷 도입의도의 영향요인으로 언급하였다. 이에 관해 정보기술 혁신연구에서는 기술 측면에서 거론한 적이 있지만, 본 연구는 지각된 이점 및 장애를 마케팅과 비용 측면에서의 혁신특성으로 간주하였다.

둘째, 기존의 인터넷 혁신연구(서창교, 이형석, 2000; 안중호, 김용영, 1999; 이만교, 2002; 지성구, 임채운, 2003; Teo & Tan, 1998; Yu, 2007)는 인터넷을 도입한 기업과 미도입기업 간의 혁신특성을 비교하거나, 인터넷 미도입기업을 대상으로 B2B 혹은 B2C 전자상거래 도입의도를 연구한 경우가 많다. 이에 반해 본 연구는 인터넷을 마케팅이나 상거래 도구로 활용하고 있는 패션 기업을 대상으로 인터넷 혁신도입의 결정요인을 확인하고, 인터넷 도입에 영향을 미치는 패션 기업의 특성을 밝히고자 하였다. 또한 대다수의 기업이 어떤 형태로든 인터넷을 도입하고 있다는 사실을 고려하여 인터넷을 마케팅 도구로 활용하는 기업과 상거래 도구로 활용하는 기업 간에 혁신도입의 결정요인에 차이가 있는지를 분석하고자 하였다.

제2절 연구문제 및 가설

패션 소비자들의 인터넷 구매가 꾸준하게 증가하면서 패션 기업의 인터넷 진출이 가속화되고, 인터넷 마케팅 전략을 수립하거나 인터넷을 상거래 수단으로 활용하는 기업이 늘고 있다. 그러나 저가판매 위주의 인터넷에의 진출은 기존 브랜드의 이미지를 손상하거나 대리점과의 충돌을 야기할 수 있어 인터넷 유통경로를 활용하는 기업은 그렇게 많지 않다. 그로 인해 인터넷을 상거래 수단으로 도입할 것인지, 아닌지가 패션 기업의 중요한 전략적 선택문제로 부각되고 있다. 이런 시점에서 본 연구는 인터넷을 마케팅이나 상거래 도구로 수용한 패션 기업을 대상으로 인터넷 도입의 결정요인을 확인하는데 목적이 있다. 이에 따른 구체적인 연구문제 및 가설은 다음과 같다.

연구문제 1: 환경특성은 패션 기업의 인터넷 혁신도입에 영향을 미치는가?

Damanpour(1991)는 환경 불확실성이 조직의 혁신에 영향을 미친다고 하였고, Rogers(1995)는 혁신 확산을 촉진시키는 요인으로 환경특성의 중요성을 강조하였다. Tornatzky and Fleischer(1990)에 의하면 산업 특성 및 경쟁자, 시장 불확실성, 정부규제 등과 같은 환경 상황이 기술혁신 도입 프로세스의 영향요인인 것으로 나타났으며,

Grover and Goslar(1993), Iacovou et al.(1995), Chau and Tam(1997, 2000)은 경쟁 및 정보 집약도, 고객 영향력 등의 시장 불확실성이 기업의 정보기술 혁신도입에 영향을 미친다고 하였다. 즉, 기업에서 경쟁업체, 고객 등과 관련된 환경상황을 높게 인지할수록 혁신적으로 더 빨리 기술을 도입할 것이다.

Chandy and Tellis(1998)는 기업 내에 제품 옹호자가 많을수록 성공적으로 제품을 혁신할 수 있다고 언급하였고, 지성구, 임채운(2004)은 기업 내부에 혁신적인 임직원이나 인터넷에 옹호적 입장인 직원이 많을수록 기업의 인터넷 쇼핑몰 도입의도가 높아진다고 하였다. 뿐만 아니라 선행연구(지성구, 임채운, 2004; Iacovou et al., 1995; Keen, 1991; Porter, 2001)에서는 산업 내 경쟁업체의 적극적인 인터넷 도입, 인터넷 구매고객 수의 증가, 주요 거래업체에서의 인터넷 도입압력 등의 대외적 압력요인이 기업의 혁신도입에 영향을 미친다고 하였다. 따라서 대내외적 압력 요인이나 시장 불확실성과 같은 환경특성은 패션 기업에서 인터넷 도입의 결정요인이 될 수 있다.

이런 점에 근거하여 본 연구는 환경특성과 패션 기업의 인터넷 혁신도입과의 관계에 대하여 다음과 같은 가설을 설정하였다.

가설 1. 환경특성은 패션 기업의 인터넷 혁신도입에 정(+)의 영향을 미칠 것이다.

가설 1-1. 대내적 압력은 패션 기업의 인터넷 혁신도입에 정(+)

의 영향을 미칠 것이다.

가설 1-2. 대외적 압력은 패션 기업의 인터넷 혁신도입에 정(+)
의 영향을 미칠 것이다.

가설 1-3. 시장 불확실성은 패션 기업의 인터넷 혁신도입에 정(+)
의 영향을 미칠 것이다.

연구문제 2: 조직특성은 패션 기업의 인터넷 혁신도입에 영향을 미치는가?

패션 기업의 인터넷 혁신도입에 영향을 미칠 것으로 고려되는 조직특성으로 최고경영층의 지원, 조직역량 및 조직의 미래시장지향성을 들 수 있다. 여러 연구(이만교, 2002; 지성구, 임채운, 2004; Cooper & Zmud, 1990; Foong, 1999; Johne & Storey, 1998; Premkumar & Roberts, 1999)에서는 기업의 혁신도입 결정요인으로 최고경영층의 확고한 신념이나 전폭적인 지원, 새로운 기술정보의 도입에 대한 혁신성 등을 언급하였다. 기업이 혁신적으로 기술을 도입하는 데 있어 최고경영층의 지원은 매우 중요한 요소라 할 수 있으며, 최고경영층의 지원수준이 높을수록 기업에서 새로운 기술을 도입할 가능성이 높다.

기업의 조직역량과 관련된 선행 연구(Grover & Goslar, 1993; Iacovou et al., 1995; Kettinger & Hackbarth, 1997; Tornatzky & Fleischer, 1990)에서는 정보기술의 하부구조가 탄탄하고 조직자원을 많이 보유한 기업일수록 새로운 정보시스템의 도입에 긍정적이라 하였다.

Premkumar, Ramamurthy(1995)는 조직역량을 하드웨어와 소프트웨어 보유수준, 관련전문기술과 노하우, 컴퓨터시스템의 개발과 관련된 인력 보유수준, 네트워크 보유수준 등으로 구분하였고, 지성구(2003), Swatman and Swatman(1991)은 기업의 재무적 자원도 포함하였다. 또한 Johne(1996), Chandy and Tellis(1998), Moormam and Miner(1997)는 미래지향적인 기업일수록 혁신을 보다 빨리 도입한다고 하였으며, 지성구, 임채운(2004)은 미래의 비전을 중시하는 기업일수록 인터넷 쇼핑몰 도입의도가 높아진다고 하였다.

따라서 본 연구는 조직특성과 패션 기업의 인터넷 혁신도입과의 관계에 대하여 다음과 같은 가설을 설정하였다.

가설 2. 조직특성은 패션 기업의 인터넷 혁신도입에 정(+)의 영향을 미칠 것이다.

가설 2-1. 최고경영층의 지원은 패션 기업의 인터넷 혁신도입에 정(+)의 영향을 미칠 것이다.

가설 2-2. 조직역량은 패션 기업의 인터넷 혁신도입에 정(+)의 영향을 미칠 것이다.

가설 2-3. 조직의 미래시장 지향성은 패션 기업의 인터넷 혁신도입에 정(+)의 영향을 미칠 것이다.

연구문제 3: 지각된 이익은 패션 기업의 인터넷 혁신도입에 영향을

미치는가?

마케팅 혹은 상거래 도구로 인터넷을 도입함에 있어 패션 기업은 경영성과 향상, 고객관계관리의 개선, 경로특유의 장점 및 비용절감 등의 이점을 인지할 수 있다. 경영성과 향상에 관한 서창교 외(2002), 지성구, 임채운(2004), Lederer et al.(1997), Teo and Too(2000) 등의 연구에서는 시장점유율의 증가, 수익성 개선, 자금흐름의 향상 및 매출증가를 통한 경쟁우위 강화 등을 언급하였다. 이와 같은 경영성과 향상의 수준을 높게 인지하는 기업일수록 보다 혁신적으로 인터넷을 도입할 것으로 예측되며, 기업은 인터넷을 통해 고객욕구에 신속하게 반응함으로써 고객과의 관계 개선은 물론 장기적으로 고객충성도를 제고할 것이다(Alba et al., 1997; Hoffman & Novak, 1996; Lynch & Ariely, 2000; Pitt et al., 1999).

또한 선행 연구(지성구, 임채운, 2004; Alba et al., 1997; Greaves et al., 1999; Lancioni et al., 2000; Narasimhan & Wilcox, 1998; Weitz & Jap, 1995)에서는 전자상거래를 포함한 새로운 기술의 도입에 따라 기업이 인지할 수 있는 이익으로 경로특유의 장점을 언급하였다. 기업은 인터넷 상거래를 도입함으로써 시공간을 초월하여 전 세계 소비자를 대상으로 직접 판매할 수 있으며, 인터넷을 활용하면 유통을 위한 영업거래비용이나 재고관리비용, 광고 및 촉진비용, 고객관리비용 등을 절감할 수 있다(지성구, 2003; Chappell & Feindt, 1999; Robinson & Kalakota, 2000).

이에 따라 본 연구는 지각된 이익과 패션 기업의 인터넷 혁신도입과의 관계에 있어 다음과 같은 가설을 설정하였다.

가설 3. 지각된 이익은 패션 기업의 인터넷 혁신도입에 정(+)의 영향을 미칠 것이다.

> 가설 3-1. 경영성과 향상에 대한 지각은 패션 기업의 인터넷 혁신도입에 정(+)의 영향을 미칠 것이다.
> 가설 3-2. 고객관계관리에 대한 지각은 패션 기업의 인터넷 혁신도입에 정(+)의 영향을 미칠 것이다.
> 가설 3-3. 경로특유의 장점에 대한 지각은 패션 기업의 인터넷 혁신도입에 정(+)의 영향을 미칠 것이다.
> 가설 3-4. 비용절감에 대한 지각은 패션 기업의 인터넷 혁신도입에 정(+)의 영향을 미칠 것이다.

연구문제 4: 지각된 장애는 패션 기업의 인터넷 혁신도입에 영향을 미치는가?

선행연구(지성구, 임채운, 2004; Alba et al., 1997; Dawson, 2000; Heide & Weiss, 1995; Jutla et al., 1999; Mols et al., 1999; Weiss & Anderson, 1992)에서는 인터넷 도입에 따라 인지할 수 있는 기업의 장애요인으로 제반비용, 전환비용, 고객이탈 및 조직내부의 저항을

거론하였다. 제반비용은 인터넷을 도입하는 데 드는 초기투자비용, 초기시스템구축비용, 물류시스템 구축비용, 유지 및 관리비용 등을 의미하고, 전환비용은 마케팅 혹은 상거래 활동을 오프라인에서 온라인으로 전환하는 데 드는 비용으로 기존 거래업체의 교체비용, 거래업체 교체로 인한 고객손실비용, 마케팅 및 판매비용 등이 포함된다. 이러한 인터넷 도입에 소요되는 제반비용과 전환비용을 높게 인지할수록 기업은 인터넷 도입을 주저하게 된다.

Alba et al.(1997)은 기업에서 인터넷 상거래를 채택할 경우 고객이 다른 유통업체나 타사 인터넷 쇼핑몰로 이탈할 가능성이 있어 총 판매량이 감소될 수 있다고 하였고, Mols et al.(1999)과 Mols(2001)는 사내 여러 부서의 갈등 및 저항, 기존 종업원의 반발 등과 같은 조직내부의 저항이 기업의 인터넷 도입에 부정적인 영향을 미칠 것이라 하였다. 따라서 고객이탈이나 조직내부의 저항에 대한 인식이 높은 기업일수록 인터넷 도입에 적극적이지 않을 것이다.

이러한 관점에서 본 연구는 지각된 장애와 패션 기업의 인터넷 혁신도입과의 관계에 대하여 다음과 같은 가설을 설정하였다.

가설 4. 지각된 장애는 패션 기업의 인터넷 혁신도입에 부(-)의 영향을 미칠 것이다.

가설 4-1. 제반비용에 대한 지각은 패션 기업의 인터넷 혁신도입에 부(-)의 영향을 미칠 것이다.

가설 4-2. 전환비용에 대한 지각은 패션 기업의 인터넷 혁신도입
에 부(-)의 영향을 미칠 것이다.

가설 4-3. 고객이탈에 대한 지각은 패션 기업의 인터넷 혁신도입
에 부(-)의 영향을 미칠 것이다.

가설 4-4. 조직내부의 저항은 패션 기업의 인터넷 혁신도입에 부
(-)의 영향을 미칠 것이다.

연구문제 5: 패션 기업의 인터넷 상거래 도입 여부에 따라 인터넷 혁신도입의 결정요인에 차이가 있는가?

안중호와 김용영(1999)은 B2C 전자상거래 도입 여부에 따라 결정요인에 차이가 있음을 입증하였고, Yu(2007)는 B2B e-마켓플레이스 도입기업과 미도입기업 간에 결정요인에 차이가 있어 미참여기업의 경우 비즈니스 경쟁 환경이, 참여기업은 비즈니스 경쟁 환경과 최고경영자의 지원이 B2B e-마켓플레이스 채택에 영향을 미친다고 하였다. 이러한 점에 근거하여 본 연구는 인터넷 상거래 도입 여부에 따라 패션 기업을 인터넷 상거래 도입기업과 미도입기업으로 구분하고, 이들 기업 간에 인터넷 혁신도입의 결정요인에 차이가 있는지를 알아보기 위하여 다음과 같은 가설을 설정하였다.

가설 5. 패션 기업의 인터넷 상거래 도입 여부에 따라 인터넷 혁신 도입의 결정요인에 차이가 있을 것이다.

이상에서 설정한 연구가설을 정리하면 다음 <표 10>과 같다.

〈표 10〉 연구 가설

구 분		연구가설
H1		**환경특성은 패션 기업의 인터넷 혁신도입에 정(+)의 영향을 미칠 것이다.**
	H1-1	대내적 압력은 패션 기업의 인터넷 혁신도입에 정(+)의 영향을 미칠 것이다.
	H1-2	대외적 압력은 패션 기업의 인터넷 혁신도입에 정(+)의 영향을 미칠 것이다.
	H1-3	시장 불확실성은 패션 기업의 인터넷 혁신도입에 정(+)의 영향을 미칠 것이다.
H2		**조직특성은 패션 기업의 인터넷 혁신도입에 정(+)의 영향을 미칠 것이다.**
	H2-1	최고경영층의 지원은 패션 기업의 인터넷 혁신도입에 정(+)의 영향을 미칠 것이다.
	H2-2	조직역량은 패션 기업의 인터넷 혁신도입에 정(+)의 영향을 미칠 것이다.
	H2-3	조직의 미래시장지향성은 패션 기업의 인터넷 혁신도입에 정(+)의 영향을 미칠 것이다.
H3		**지각된 이익은 패션 기업의 인터넷 혁신도입에 정(+)의 영향을 미칠 것이다.**
	H3-1	경영성과 향상에 대한 지각은 패션 기업의 인터넷 혁신도입에 정(+)의 영향을 미칠 것이다.
	H3-2	고객관계관리에 대한 지각은 패션 기업의 인터넷 혁신도입에 정(+)의 영향을 미칠 것이다.
	H3-3	경로특유의 장점에 대한 지각은 패션 기업의 인터넷 혁신도입에 정(+)의 영향을 미칠 것이다.
	H3-4	비용절감에 대한 지각은 패션 기업의 인터넷 혁신도입에 정(+)의 영향을 미칠 것이다.
H4		**지각된 장애는 패션 기업의 인터넷 혁신도입에 부(−)의 영향을 미칠 것이다.**
	H4-1	제반비용에 대한 지각은 패션 기업의 인터넷 혁신도입에 부(−)의 영향을 미칠 것이다.
	H4-2	전환비용에 대한 지각은 패션 기업의 인터넷 혁신도입에 부(−)의 영향을 미칠 것이다.
	H4-3	고객이탈에 대한 지각은 패션 기업의 인터넷 혁신도입에 부(−)의 영향을 미칠 것이다.
	H4-4	조직내부의 저항은 패션 기업의 인터넷 혁신도입에 부(−)의 영향을 미칠 것이다.
H5		**패션 기업의 인터넷 상거래 도입 여부에 따라 인터넷 혁신도입의 결정요인에 차이가 있을 것이다.**

제3절 변수의 조작적 정의 및 측정

본 연구는 기업의 기술혁신 및 인터넷 혁신도입에 관한 선행연구를 참고하고, 2회의 예비조사를 통하여 측정도구를 수정, 보완하였다. 최종적으로 본 연구에서 사용된 변수의 조작적 정의 및 측정도구는 다음과 같다.

1. 환경특성

본 연구는 환경특성을 패션 기업의 인터넷 혁신도입의 결정요인으로 보고, 패션 기업이 인터넷을 도입하는 데 영향을 미치는 대내외적 압력과 시장 불확실성으로 구성하였다. 대내적 압력은 기업 내의 영향력 있는 다수의 임직원 혹은 직원이 인터넷 도입에 옹호적인 정도로, 대외적 압력은 산업 내 경쟁업체의 적극적인 인터넷 도입, 인터넷 구매고객 수의 증가, 주요 거래업체의 인터넷 도입압력으로, 그리고 시장 불확실성은 패션시장의 경쟁 정도가 심하고 앞으로 시장이 불안정하여 예측하기가 쉽지 않은 정도로 정의하였다.

이를 측정하기 위하여 Tornatzky and Fleischer(1990), Abrahamson and Rosenkopf(1993), Iacovou et al.(1995), Chandy and Tellis(1998), Porter(2001), 안중호, 김용영(1999), 서창교, 이형석(2000), 강낙중(2002),

이만교(2002), 김재욱 외(2003), 지성구, 임채운(2004) 등의 선행연구와
예비조사 결과를 참조하여 대내적 압력에 관한 4항목(내부 임직원 및
직원의 인터넷 도입압력 등), 대외적 압력에 관한 5항목(경쟁업체 및
주요 거래업체의 적극적인 인터넷 도입 정도, 고객압력 등), 시장 불확
실성에 관한 4항목(시장상황의 불안정한 정도 및 경쟁 정도, 고객수요
의 변동 정도, 고객 충성도 등)의 총 13항목을 '전혀 그렇지 않다(1점)'
에서 '매우 그렇다(5점)'의 5점 리커트 척도로 측정하였다(<표 11>).

〈표 11〉 환경특성의 측정항목

구 분	측정 항목	출 처
대내적 압력	내부 임직원의 인터넷 도입 주장	Iacovou et al.(1995), Chandy & Tellis(1998)
	인터넷 도입의 필요성에 대한 내부 임직원의 지각 정도	Iacovou et al.(1995), 지성구(2003)
	직원이 인터넷 도입을 원하는 정도	지성구(2003), 연구자
	직원이 인터넷의 중요성을 역설한 정도	Chandy & Tellis(1998), 연구자
대외적 압력	경쟁업체의 적극적인 인터넷 운영 정도	Iacovou et al.(1995) Porter(2001)
	인터넷을 도입하는 경쟁업체 수의 증가	Iacovou et al.(1995), 연구자
	주요 거래업체의 인터넷 도입압력	Iacovou et al.(1995), 연구자
	인터넷을 도입하는 주요거래업체 수의 증가	지성구(2003), 지성구, 임채운(2004)
	인터넷 도입을 원하는 고객 수의 증가	Porter(2001), 연구자
시장 불확실성	시장상황의 불안정한 정도	Tornatzky & Fleischer(1990) Damanpour(1991), 강낙중(2002), 이만교(2002)
	시장의 경쟁 정도	Grover & Goslar(1993), Iacovou et al.(1995) 서창교, 이형석(2000), 김재욱 외(2003)
	고객수요의 변동 정도	Abrahamson & Rosenkopf(1993) 안중호, 김용영(1999), 연구자
	가격할인 정도	Abrahamson & Rosenkopf(1993), 연구자

2. 조직특성

　패션 기업의 인터넷 도입 결정요인 중 조직특성은 최고경영층의 지원, 조직역량 및 미래시장 지향성으로 구성하였다. 최고경영층의 지원은 인터넷 도입에 대한 최고경영층의 확고한 신념이나 전폭적인 지원, 새로운 경영기법 및 기술정보를 도입하려는 혁신성 정도로, 조직역량은 인터넷 마케팅 및 상거래 도입을 위하여 기업에서 전문적인 기술 및 노하우, 하드웨어와 소프트웨어, 전문인력 및 재무적 자원을 확보한 정도로, 미래시장 지향성은 기업이 현재보다 미래의 비전을 강조하는 정도 혹은 경쟁사에 비해 미래지향적인 정도로 정의하였다.

　이를 측정하기 위하여 Kwon and Zmud(1987), Cooper and Zmud (1990), Swatman and Swatman(1991), Premkumar and Ramamurthy (1995), Johne(1996), Kettinger and Hackbarth(1997), Moormam and Miner(1997), Chandy and Tellis(1998), 이만교(2002), 지성구(2003), 지성구, 임채운(2004) 등의 연구와 예비조사 결과를 참조하여 최고경영층의 지원에 관한 5항목(인터넷 도입에 대한 최고경영층의 확고한 신념, 전폭적인 지원, 새로운 경영기법 및 기술정보의 도입의지 등), 조직역량에 관한 4항목(전문적인 기술 및 노하우의 확보 정도, 정보시스템, 재무적 지원 및 전문 인력의 확보 정도 등), 미래시장 지향성에 관한 4항목(현재 혹은 경쟁사보다 미래의 비전을 강조하는 정도 등)의 총 13항목을 5점 리커트 척도로 측정하였다(<표 12>).

구 분	측정 항목	출 처
최고 경영층의 지원	최고경영층의 인터넷 도입에 대한 확고한 신념	Kwon & Zmud(1987), Cooper & Zmud(1990)
	최고경영층의 인터넷 도입에 대한 전폭적인 지원	Premkumar & Roberts(1999), 지성구(2003)
	최고경영층의 인터넷 도입에 따른 위험감수 정도	지성구, 임채운(2004), 연구자
	최고경영층의 새로운 경영기법의 도입의지	Johne(1996), 이만교(2002), 연구자
	최고경영층의 새로운 기술정보의 도입의지	Johne(1996), Johne & Storey (1998)
조직역량	인터넷 도입을 위한 전문적인 기술 및 노하우의 확보 정도	Grover & Goslar(1993) 지성구(2003), 지성구, 임채운 (2004)
	인터넷 도입을 위한 하드웨어와 소프트웨어 등의 정보시스템 확보 정도	Premkumar & Ramamurthy (1995) Kettinger & Hackbarth(1997)
	인터넷 도입을 위한 재무적 지원 정도	Swatman & Swatman(1991), 연구자
	인터넷 도입을 위한 전문인력 확보 정도	Premkumar & Ramamurthy (1995), 연구자
미래시장 지향성	현재보다 미래의 비전을 강조하는 정도	Chandy & Tellis(1998), 연구자
	과거의 성공보다 미래지향적인 정도	Moormam & Miner(1997), 연구자
	경쟁사에 비해 미래지향적인 정도	연구자
	미래 잠재성보다 과거 성과를 중시하는 정도[*]	지성구(2003), 지성구, 임채운 (2004)

* 역문항임.

3. 지각된 이익

패션 기업이 인터넷을 도입함으로써 기존의 마케팅 혹은 상거래 도구와 비교하여 인지할 수 있는 이익은 경영성과 향상, 고객관계관리, 경로특유의 장점 및 비용절감으로 구성하였다. 경영성과 향상은 패션 기업이 인터넷 도입을 통해 기대할 수 있는 시장점유율의 증가, 수익성 개선, 자금흐름의 향상 및 매출증가를 통한 경쟁우위 확보 정도로 보았고, 고객관계관리는 인터넷을 통하여 고객에게 양질의 서비스를 제공하고 고객과의 관계가 향상될 것이라 여기는 정도로 정의하였다. 경로특유의 장점은 인터넷 특유의 장점으로 인하여 기업이 인지할 수 있는 시간과 장소의 무관성 및 고객 범위의 확대 정도 등을 의미하며, 비용절감은 영업거래비용이나 재고관리비용, 광고·촉진비용 및 고객관리비용 등의 감소를 인지하는 정도로 보았다.

이를 측정하기 위하여 Hoffman and Novak(1996), Lederer et al.(1997), Alba et al.(1997), Chappell and Feindt(1999), Lancioni et al.(2000), Robinson and Kalakota(2000), Teo and Too(2000), 서창교 외(2002), 지성구, 임채운(2004) 등의 연구와 예비조사 결과를 참조하여 경영성과 향상에 관한 4항목(시장점유율 증가, 수익성 및 자금흐름의 개선, 경쟁우위 강화 등), 고객관계관리에 관한 4항목(고객과의 관계향상, 양질의 고객서비스 제공, 고객관리활동의 지원용이성 등), 경로특유의 장점에 관한 4항목(장소나 시간의 무관성에 따른 장점, 고객범위의 확대 정도 등), 비용절감에 관한 4항목(영업거래비용,

재고관리비용, 광고판촉비용, 고객관리비용의 절감 정도 등)의 총 16
항목을 '전혀 그렇지 않다(1점)'에서 '매우 그렇다(5점)'의 5점 리커
트 척도로 측정하였다(<표 13>).

〈표 13〉 지각된 이익의 측정항목

구 분	측정 항목	출 처
경영성과 향상	시장점유율의 증가에 대한 지각 정도	Lederer et al.(1997), 서창교 외(2002)
	수익성 개선에 대한 지각 정도	Teo & Too(2000), 지성구, 임채운(2004)
	자금흐름 개선에 대한 지각 정도	서창교 외(2002), 연구자
	매출증가를 통한 경쟁우위강화에 대한 지각 정도	Teo & Too(2000), 지성구(2003), 연구자
고객관계 관리	고객관계 향상에 대한 지각 정도	Hoffman and Novak(1996), 지성구(2003)
	양질의 고객서비스 제공에 대한 지각 정도	연구자
	고객관리활동의 지원용이성에 대한 지각 정도	지성구, 임채운(2004), 연구자
	제품 / 서비스의 정보제공 용이성에 대한 지각 정도	Lynch and Ariely(2000), 연구자
경로특유의 장점	시간, 장소에 상관없이 제품 / 서비스의 판매 정도	Greaves et al.(1999), 연구자
	다양한 유통업체를 통한 제품 / 서비스의 판매 정도	Narasimhan & Wilcox(1998), 연구자
	시간과 장소에 상관없이 마케팅 및 상거래 활동을 펼칠 수 있어 업무 효율성이 높아지는 정도	Lancioni et al.(2000), 연구자
	고객범위의 확대에 대한 지각 정도	Lancioni et al.(2000), 연구자
비용절감	영업거래비용 절감에 대한 지각 정도	Robinson & Kalakota(2000), 지성구(2003)
	재고관리비용 절감에 대한 지각 정도	Chappell & Feindt(1999), 연구자
	광고 및 판촉비용 절감에 대한 지각 정도	Chappell & Feindt(1999), 연구자
	고객관리비용 절감에 대한 지각 정도	지성구, 임채운(2004), 연구자

4. 지각된 장애

　지각된 장애는 패션기업이 인터넷을 마케팅 혹은 상거래 도구로 도입함으로써 인지할 수 있는 제반비용과 전환 비용, 고객이탈 및 조직내부저항 등으로 구성하였다. 이 중 제반비용은 인터넷을 도입하는 데 드는 초기투자비용, 초기시스템구축비용, 물류시스템 구축비용, 유지 및 관리비용 등을 지각하는 정도이고, 전환비용은 기존 유통업자를 교체하거나 새로운 공급업체를 탐색, 교체하는 데 발생하는 비용을 지각하는 정도이며, 고객이탈은 인터넷 도입으로 인해 고객의 이탈이 심해지는 정도, 그리고 조직내부 저항은 기존 거래관행 및 소프트웨어 등에 익숙해진 거래업체나 판매원, 조직원 등의 저항에 대한 지각 정도라 할 수 있다.

　이를 측정하기 위하여 Weiss and Anderson(1992), Weiss and Heide(1992), Heide and Weiss(1995), Jutla et al.(1999), Mols et al.(1999), Dawson(2000), Mols(2001), 지성구(2003), 지성구, 임채운(2004) 등의 연구와 예비조사 결과를 토대로 제반비용에 관한 6항목(초기투자비용, 초기 시스템 및 물류시스템 구축비용, 유지 및 홍보비용 등), 전환비용에 관한 4항목(기존 거래업체의 교체비용, 새로운 거래업체의 탐색비용, 고객손실비용, 마케팅 및 판매비용 등), 고객이탈에 관한 4항목(고객의 경쟁업체로의 이탈 정도, 고객이탈의 심각수준, 고객이탈의 발생 정도 등), 조직내부 저항에 관한 4항목(기존 판매원 및 대리점 등 거래업체의 저항 정도, 사내 여러 부서의 갈등 및 저항 등)의 총 18항목을 '전혀 그렇지 않다(1점)'에서 '매우 그렇다(5점)'의 5

점 리커트 척도로 측정하였다(<표 14>).

〈표 14〉 지각된 장애의 측정항목

구 분	측정 항목	출 처
제반비용	초기투자비용(부서배치, 등록비용 등) 발생에 대한 지각 정도	Dawson(2000), Jutla et al.(1999)
	초기시스템구축비용(서버, 네트워크 구축비 등) 발생에 대한 지각 정도	Dawson(2000), 지성구, 임채운(2004)
	물류시스템 구축비용 발생에 대한 지각 정도	지성구(2003), 연구자
	유지비용(사이트 관리비, 인건비 등) 발생에 대한 지각 정도	Jutla et al.(1999), 연구자
	사이트 광고, 판촉 및 홍보비용의 발생에 대한 지각 정도	Dawson(2000), 지성구, 임채운(2004)
	계속투자비용(시스템 확장, 업그레이드 비용 등)의 발생에 대한 지각 정도	Dawson(2000), 연구자
전환비용	기존 거래업체의 교체비용 발생에 대한 지각 정도	Weiss & Anderson(1992), 지성구(2003)
	새로운 거래업체의 탐색비용 발생에 대한 지각 정도	Weiss & Heide(1992), 지성구(2003)
	거래업체 교체에 따른 고객손실비용의 발생에 대한 지각 정도	Weiss & Heide(1992) 지성구, 임채운(2004), 연구자
	거래업체 교체로 인한 마케팅 및 판매비용의 발생에 대한 지각 정도	Heide & Weiss(1995) 지성구, 임채운(2004), 연구자
고객이탈	경쟁업체로의 고객이탈 정도	Alba et al.(1997), 지성구(2003), 연구자
	경쟁업체 인터넷 쇼핑몰로의 고객이탈 정도	지성구, 임채운(2004), 연구자
	고객이탈의 심각수준	연구자
	고객정보 유출 가능성으로 인한 고객이탈 발생 정도	연구자
조직내부 저항	기존 판매원의 반발에 대한 지각 정도	Mols et al.(1999), Mols(2001)
	대리점 등 기존 거래업체의 저항에 대한 지각 정도	Mols(2001), 지성구(2003), 연구자
	사내 부서 간의 갈등 발생에 대한 지각 정도	지성구, 임채운(2004), 연구자
	사내 부서의 저항 발생에 대한 지각 정도	Mols(2001), 연구자

5. 인터넷 혁신도입

본 연구는 인터넷을 마케팅 혹은 상거래 도구로 도입하기 위하여 기술시스템을 구축하거나 재정적 혹은 인적으로 투자하며, 앞으로도 인터넷을 활용하려는 의도를 일컬어 인터넷 혁신도입이라 정의하였다. 또한 향후에도 지속적으로 인터넷 도입을 유지하거나 투자할 의지 정도라는 개념을 포함하여 사용하였는데, 그 이유는 패션 기업에서 인터넷을 도입한 것이 2년~3년 미만의 초기 단계이고, 아직 인터넷을 도입하지 않은 기업에게 인터넷 도입에 대한 시사점을 제공하기 위해서다. 이를 측정하기 위하여 Iacovou et al.(1995), Chwelos et al.(2001), Yu(2007), 박관희, 이만교(2002) 등의 선행연구와 예비조사 결과를 참조하여 인터넷 도입을 지속적으로 유지할 의도, 기술시스템의 구축 정도, 재정적·인적 투자 정도, 기술정보 사용의 권유의도 등의 5항목을 5점 리커트 척도로 측정하였다(<표 15>).

〈표 15〉 인터넷 혁신도입의 측정항목

구 분	측정 항목	출 처
인터넷 혁신도입	인터넷 도입을 지속적으로 유지할 의도	Iacovou et al.(1995), Yu(2007)
	인터넷 도입을 위한 기술시스템 구축 정도	Chwelos et al.(2001), 연구자
	인터넷 도입을 위한 재정적인 투자 정도	연구자
	인터넷 도입을 위한 인적 투자 정도	박관희, 이만교(2002), 연구자
	조직원에게 기술정보 사용을 권유할 의도	연구자

이 외에 성별, 연령, 결혼여부, 학력 등과 같은 인구통계적 특성과 인터넷 도입 및 활용현황에 관한 항목으로 구성하였으며, <표 16>은 본 연구에서 사용한 측정도구를 요약한 것이다.

〈표 16〉 측정도구

대 구 분	소 구 분	항 목 수	척 도
환경특성	대내적 압력	4	5점 리커트 척도
	대외적 압력	5	5점 리커트 척도
	시장 불확실성	4	5점 리커트 척도
조직특성	최고경영층의 지원	5	5점 리커트 척도
	조직역량	4	5점 리커트 척도
	미래시장 지향성	4	5점 리커트 척도
지각된 이익	경영성과 향상	4	5점 리커트 척도
	고객관계관리	4	5점 리커트 척도
	경로특유의 장점	4	5점 리커트 척도
	비용절감	4	5점 리커트 척도
지각된 장애	제반비용	6	5점 리커트 척도
	전환비용	4	5점 리커트 척도
	고객이탈	4	5점 리커트 척도
	조직내부 저항	4	5점 리커트 척도
인터넷 혁신도입		5	5점 리커트 척도
인터넷 도입 및 활용현황		4	직접기입, 명목척도
인구통계적 특성		7	직접기입, 명목척도

제4절 자료수집 및 분석

본 연구는 측정도구에 대한 정확한 평가가 이루어지고 신뢰성, 타당성 있는 자료를 수집하기 위해 인터넷을 마케팅도구로 활용하거나 현재 인터넷 쇼핑몰에 입점 혹은 자체 인터넷 쇼핑몰을 운영하고 있는 패션 기업을 분석대상으로 하였다. 설문지법으로 자료를 수집하였고, 예비조사와 본 조사의 2가지 방법을 수행하였다.

1. 예비조사

측정도구의 적절성을 밝히고 수정 혹은 보완될 항목을 선별하는 과정에서 예비조사는 3차례에 걸쳐 실시되었다. 첫째, 문헌고찰을 통해 설문 항목을 추출한 다음 2007년 9월 한 달 동안 의류학 및 정보경영학을 전공한 전문가 그룹(대학원생, 강사 및 교수)의 반복적인 평가와 토의를 거쳐 연구목적에 적합한 설문항목들을 선별하였다. 둘째, 자체 인터넷 쇼핑몰을 구축, 운영하고 있는 패션 기업의 MD 및 기획자 10명과 사전 약속을 통해 2007년 10월 1일에서 10월 10일 사이에 일대일 대인 면담을 실시하였다. 면담 과정에서 기업체에 적합하지 않거나 이해하기 어렵다고 생각되는 항목에 표시하도록 하였고, 각 변수별로 더 필요하다고 생각되는 항목들을 추가로 기입하게 하였으며, 면접 결과를 바탕으로 설문항목을 수정, 보완하였다.

셋째, 인터넷을 마케팅 혹은 상거래 도구로 도입한 패션 기업의 인터넷 담당자 50명을 대상으로 2007년 10월 15일부터 2007년 11월 7일까지 예비 설문조사를 실시하였다. 구체적으로 패션 기업의 홈페이지와 자체 인터넷 쇼핑몰을 방문하여 기획, 운영, 광고 및 판매 담당자의 이메일을 추출한 뒤, 이들에게 일주일에 한 번씩 메일을 보내 응답을 요구하였다. 일부 응답을 하지 않는 담당자의 경우 전화 약속을 한 후 직접 방문하여 설문조사를 실시하였으며, 응답 결과를 참조하여 설문지를 수정, 보완하고 필요 없는 문항은 삭제하였다.

이와 같은 3차례의 예비조사를 통하여 설문항목의 내용타당성을 확보하였고, 본 조사에 사용될 설문지를 완성하였다.

2. 본 조사

본 조사에서는 신뢰성 높은 자료를 수집하기 위하여 연구대상의 선정을 신중하게 고려하였다. 먼저 "2006 / 2007 한국패션브랜드 연감(2006)"을 참조하여 패션 기업을 캐주얼의류 전문, 여성의류 전문, 남성의류 전문기업의 세 가지 군으로 구분하고, 4대 검색엔진(yahoo, naver, empas, daum)을 통하여 직접 분석을 실시하였다. 한국패션브랜드연감(2007)에 의하면 캐주얼의류 전문기업은 여성캐주얼의류 284개, 남성캐주얼의류 89개로 총 373개이고, 여성의류 전문기업은 142

개, 남성의류 전문기업은 91개였다. 이들 기업 중 인터넷을 마케팅
이나 상거래 도구로 도입한 기업은 여성캐주얼의류 102개, 남성캐주
얼의류 36개, 여성의류 19개, 남성의류 37개로 전체 606개 기업의
32.01%가 인터넷을 도입하고 있었다(<부록 참조>).

이 중 서울 수도권지역 패션 기업의 홈페이지와 자체 인터넷 쇼
핑몰을 방문하여 대표 메일과 마케팅, 기획, 판매, 광고 등 분야별
담당자의 메일을 추출하여 리스트를 작성하고, 2007년 11월 17일에
서 2008년 1월 17일 두 달 동안 일주일에 한 번씩 설문지를 메일로
발송하였다. 다시 말해, 첫 메일 발송 후 일주일을 기다렸다가 응답
메일을 보낸 담당자들의 메일을 삭제하고 남은 메일 리스트에 다시
설문지를 보내는 형식으로 진행하였다. 또한 홈페이지나 자체 인터
넷 쇼핑몰 담당자는 아니지만 패션 기업에 근무하고 있는 MD와 디
자이너, 기획부 및 영업부 담당자를 대상으로 직접 방문 설문조사를
실시하였다. 이 과정에서 사전 접촉을 통해 설문조사의 핵심 내용을
잘 알고 있고 설문에 답할 능력과 의사가 있음을 확인한 후에 부서
별 응답비율을 고려하여 설문조사를 실시하였다.

이메일 조사의 경우 설문지에 응답하여 연구자의 이메일로 회신하
게 하였고, 직접 조사는 설문지에 바로 응답을 받아 현장 조사에서
수거하였으며, 이메일 조사와 직접 방문조사를 합하여 한 기업당 5
명 이하로 응답을 제한하였다. 이렇게 수거된 설문지 중 최종 자료
분석에 사용된 응답지는 총 228부였다.

수집된 자료의 통계처리는 SPSS Ver.12.0을 이용하여 빈도분석,

신뢰도 분석, 요인 분석(주성분 분석, Varimax 회전, 고유치 1.0 이상 요인 추출), 다중회귀분석(Multiple Regression Analysis: enter method), t-test 등을 실시하였다.

제4장

패션 기업의 인터넷 혁신도입 결정요인

제1절 연구대상의 특성

본 연구는 서울 수도권지역의 패션 기업에서 기획과 마케팅, 디자인 및 영업, 그리고 인터넷 담당자를 대상으로 조사하였고, 연구대상자의 인구통계적 특성은 <표 17>과 같다. 구체적으로 남성(47.4%)보다 여성(52.6%)이 더 많았고, 30대 52.6%, 20대 40.8%로 90% 이상이 20대, 30대였으며, 67.1%가 미혼, 32.9%가 기혼이었다. 이들의 88.2%가 대학교 졸업 이상의 학력에 3년 이상의 경력자가 78.9%였고, 담당부서의 분포는 디자인부(25.4%), 기획부(19.8%), 마케팅부(18.4%), 영업부(18.4%), 온라인부(18.0%) 등이었으며, 72.4%가 대리 이상의 직책을 지니고 있어 본 연구의 설문지에 충분히 응답할 수 있는 표본으로 구성되었다.

〈표 17〉 연구대상의 인구통계적 특성

n = 228

구 분		빈도 (%)	구 분		빈도 (%)
성 별	남성	108 (47.4)	담당부서	기획부	45 (19.8)
	여성	120 (52.6)		디자인부	58 (25.4)
연 령	20대	93 (40.8)		마케팅부	42 (18.4)
	30대	120 (52.6)		영업부	42 (18.4)
	40대	15 (6.6)		온라인부	41 (18.0)
결혼 여부	기혼	75 (32.9)			
	미혼	153 (67.1)			
학 력	고등학교 졸업이하	9 (3.9)	직 책	부장	12 (5.2)
	전문대학교 졸업	18 (7.9)		차장	15 (6.6)
	대학교졸업	177 (77.7)		과장	18 (7.9)
	대학원 재학 이상	24 (10.5)		실장	15 (6.6)
경 력	3년 미만	48 (21.1)		주임	18 (7.9)
	3년~5년	84 (36.8)		대리	87 (38.2)
	6년~9년	63 (27.6)		사원	63 (27.6)
	10년 이상	33 (14.5)			

제2절 패션 기업의 인터넷 도입현황

　패션 기업의 인터넷 도입현황을 알아보기 위하여 인터넷 활용 여부와 인터넷 상거래 도입 여부 및 도입연도, 유통경로 형태에서 인터넷이 차지하는 비중 등을 조사하였다. 먼저 인터넷을 마케팅 혹은 상거래 도구로 어떻게 활용하고 있는지를 분석한 결과 기업홍보, 고객관리 및 정보제공 도구로만 인터넷을 활용하는 경우(8.2%)를 제외하고 91.8%는 상거래 도구로 이용하고 있다고 응답하였다. 이 중 백화점 인터넷 쇼핑몰(롯데닷컴, e현대 등) 입점은 25.3%, 자체 쇼핑몰 구축은 19.6%, 패션전문 인터넷 종합쇼핑몰(패션플러스, 하프클럽 등) 입점은 13.3%, 온라인 전문 인터넷 종합쇼핑몰(인터파크, 삼성몰 등) 입점은 12.1%, TV홈쇼핑 인터넷 쇼핑몰(GSeshop, CJ몰 등) 입점은 11.4%, 오픈마켓(옥션, G마켓 등) 입점은 10.1%였다(<표 18>).

　이와 같이 패션 기업에서는 인터넷을 기업홍보나 고객관리, 정보제공의 목적에서가 아니라 상거래 도구로 활용하고 있었으며, 자체 쇼핑몰은 물론 on / off 병행 인터넷 쇼핑몰이나 on-line 전문 인터넷 쇼핑몰, 패션전문 종합쇼핑몰 등 다양한 판매처에 상품을 제공하고 있었다. 향후 인터넷을 통한 상거래 규모가 더욱 커질 것으로 예측되므로 패션 기업의 인터넷 쇼핑몰 진출은 더욱 심화될 것으로 생각된다.

<표 18> 인터넷 활용여부

구　　분	빈 도	%
on-line 전문 인터넷 종합쇼핑몰(인터파크, 삼성몰 등) 입점	57	12.1
on / off 병행 백화점 인터넷쇼핑몰(롯데닷컴, e현대 등) 입점	120	25.3
on / off 병행 TV홈쇼핑 인터넷쇼핑몰(GSeshop, CJ몰 등) 입점	54	11.4
오픈마켓(옥션, G마켓 등) 입점	48	10.1
패션전문 종합쇼핑몰(패션플러스, 오가게, 하프클럽 등) 입점	63	13.3
자체 쇼핑몰 구축	93	19.6
인터넷을 기업홍보, 고객관리, 정보제공 사이트로만 활용	39	8.2
인터넷을 전혀 활용하지 않음	0	0.0
합 계(복수 응답)	474	100.0

위의 분석결과를 증명하듯 인터넷 상거래 도입 여부를 살펴본 바에 의하면, <표 19>에서처럼 이미 도입한 경우가 82.9%, 도입을 고려하거나 도입 계획을 수립한 경우가 13.2%였는 데 반해, 전혀 도입할 의사가 없는 경우는 3.9%에 불과하였다. 이미 도입한 기업의 인터넷 상거래 도입연도는 2000년 이후인 것으로 나타났으며, 2006년 26.3%, 2004년 19.7%, 2002년 9.2%, 2005년 7.9%, 2003년 6.6% 등의 순이었다(<표 20>).

〈표 19〉 인터넷 상거래 도입 여부

구　　　　　　　　　분	빈도	%
이미 도입하고 있다	189	82.9
도입을 고려하고 있다	24	10.5
도입에 대한 계획을 수립하였다	6	2.7
도입할 의사가 없다	9	3.9
합　계	228	100.0

〈표 20〉 인터넷 상거래 도입연도

구분	빈도	%	구분	빈도	%
2000년	9	4.0	2004년	45	19.7
2001년	12	5.3	2005년	18	7.9
2002년	21	9.2	2006년	60	26.3
2003년	15	6.6	2007년	9	4.0
합　계				189	100.0

　　이들 패션 기업의 유통경로 형태에서 인터넷의 비중이 얼마나 되는지를 확인한 결과(<표 21>), 백화점(25.8%) 다음으로 인터넷(25.3%)인 것으로 나타나 대리점(20.2%)과 대형할인점(12.8%), 패션전문점(8.6%)보다 인터넷을 더 많이 활용하고 있었다. 1990년대 후반까지만 해도 패션 기업의 대부분이 대리점, 백화점 중심의 유통구조를 지니고 있다고 한 간문자(1997)와 비교하면, 이 결과는 2000년 이후 패션 기업의 유통경로의 하나로 인터넷이 급부상하였음을 증명한다고 볼 수 있다.

<표 21> 유통경로 형태

구 분	빈 도	%	구 분	빈 도	%
대리점	141	20.2	인터넷	177	25.3
백화점	180	25.8	케이블TV	42	6.0
(대형)할인점	90	12.8	카달로그	9	1.3
패션전문점	60	8.6	합계(복수응답)	699	100.0

제3절 신뢰성 및 타당성 분석

연구 가설을 검증하기 위해서는 구성개념의 측정지표가 제대로 측정되었는가를 확인하기 위한 신뢰성 및 타당성 분석이 요구된다. 이에 따라 본 연구는 측정지표들의 신뢰성과 타당성을 확보하기 위하여 내적일관성의 검증에 활용되는 Cronbach's α계수를 산출하였고, 설정된 각각의 변수들에 대하여 요인분석(factor analysis)을 실시하였다.

1. 신뢰성 분석

신뢰성(reliability)이란 측정결과에 오차가 없는 상태로서, 측정이 반복될 때 척도가 일관성 있는 결과를 산출하는 정도를 의미한다. 다시 말해, 한 대상을 유사한 측정도구로 여러 번 측정하거나 한 가지 측정도구로 반복 측정했을 때 일관성 있는 결과가 산출될수록 그 척도(측정치)의 신뢰성이 높다. 신뢰성 분석방법에는 동일한 상황에서 동일한 측정도구를 사용하여 동일한 대상을 일정한 간격을 두고 두 번 측정하여 그 결과를 비교하는 재검증법(test-retest method), 대등한 두 가지 형태의 측정도구를 이용하여 동일한 측정 대상을 동시에 측정한 뒤 두 측정값의 상관관계를 분석하는 복수양식법(parallel-forms technique), 측정도구를 임의로 반으로 나누어 각각 독립된 두 개의 척도를 사용함으로써 신뢰도를 추정하는 반분법(split-half method), 동일한 개념을 다항목으로 측정할 경우 Cronbach's α계수를 이용하여 신뢰도를 저해하는 항목을 측정도구에서 제외시킴으로써 각 항목들의 내적일관성을 높이는 내적일관성법(internal consistency reliability method) 등이 있다.

본 연구는 동일한 개념을 여러 개의 항목으로 측정하였기 때문에 연구 개념에 대하여 내적일관성을 검증하는 방법인 Cronbach's α계수를 산출하여 측정 변수의 신뢰성을 분석하였으며, <표 22>에 그 결과를 제시하였다. 내적일관성법의 경우 Cronbach's α계수가 0.6 이상이면 최소한의 조건을 갖추었다고 볼 수 있으며, 본 연구의 측정 변수들은 모두 .65 이상으로 내적일관성이 높게 나타나 신뢰성 분석을 통해 제거된 항목은 없었다.

〈표 22〉 측정변수의 신뢰성 분석결과

구 분		최초 항목 수	최종 항목 수	신뢰계수
환경특성	대내적 압력	4	4	.893
	대외적 압력	5	5	.860
	시장 불확실성	4	4	.658
조직특성	최고경영층의 지원	5	5	.909
	조직역량	4	4	.868
	미래시장 지향성	4	4	.752
지각된 이익	경영성과 향상	4	4	.842
	고객관계관리	4	4	.788
	경로특유의 장점	4	4	.711
	비용절감	4	4	.691
지각된 장애	제반비용	6	6	.824
	전환비용	4	4	.706
	고객이탈	4	4	.904
	조직내부 저항	4	4	.833
인터넷 혁신도입		5	5	.893

2. 타당성 분석

타당성(validity)은 측정하고자 하는 개념이나 속성을 정확히 측정하였는가를 말하며, 특정한 개념이나 속성을 측정하기 위해 개발된 측정도구가 해당속성을 정확히 반영하고 있는가와 관련된 것이다. 본 연구에서는 측정도구의 개념적 타당성을 검정하기 위하여 요인분석을 사용하였다. 요인분석은 다수의 변수들 간의 상관관계를 기초로 많은 변수들 속에 내재하는 체계적인 구조는 찾아내는 통계분석 기법으로, 변수의 형태로 주어진 정보를 쉽고 간단하게 보다 적은 수의 요인으로 제시해준다.

본 연구에서의 요인추출은 주성분 요인분석(principal component factor analysis)을 이용하였으며, 초기에 구한 요인들의 의미를 좀 더 명확하게 해석하기 위해 요인회전은 직각 회전인 Varimax 방식을 사용하였다. 요인추출은 고유값(eigenvalue)이 1.0 이상인 요인만을 선택하도록 하였으며, 각 변수와 요인 간의 상관관계 정도를 나타내는 요인 적재치의 경우 0.5 이상이면 중요한 변수로 판단하므로 0.5 이상인 경우를 유효한 변수로 판단하여 분석하였고, 요인 회전 후의 각 요인행렬에 의미 있는 값을 가진 문항들의 구성내용을 고려하여 각 요인의 성격을 규명하였다. 본 연구에서 사용한 주요 측정변수의 요인분석 결과는 다음과 같다.

1) 환경특성의 요인분석

환경특성에 관한 총 13개 항목에 대하여 요인분석을 실시한 결과, <표 23>에서처럼 고유치 1.0 이상인 3개의 요인이 도출되었다. 이들 요인은 선행 연구와 예비조사를 통하여 변수를 분류하고 타당성 및 신뢰성 있는 문항으로 구성하였기 때문에 연구가설에서 설정한 변수와 동일하게 묶였다. 이 중 가장 높은 설명력을 보인 '대내적 압력(4항목)'은 기업 내부의 직원이 인터넷 도입을 원하거나 인터넷 도입의 중요성을 역설한 정도, 내부 임직원이 인터넷 도입을 주장하거나 인터넷 도입의 필요성을 지각한 정도 등과 관련되었으며, 고유값은 4.928, 분산비율은 37.911%였다.

그다음으로 노출된 '대외직 압력(5항목)'은 인터넷을 도입하는 주요 거래업체 및 경쟁업체의 수 혹은 인터넷 도입을 원하는 고객 수의 증가, 경쟁업체의 적극적인 인터넷 운영 정도나 주요 거래업체의 인터넷 도입압력 등에 관한 항목으로 구성되었고, 고유값은 2.004, 분산비율은 15.411%였다. 마지막으로 도출된 '시장 불확실성(4항목)'은 고객수요의 변동 정도나 패션 시장의 불안정한 정도, 경쟁 및 가격 할인 정도 등의 항목을 포함하였으며, 고유값은 1.598, 분산비율은 12.291%였다.

이들 세 요인이 설명한 총 변량은 65.613%였는데, 각 요인을 구성하는 항목 모두가 요인값 0.5 이상을 나타내 측정 변수의 타당성이 입증되었다.

<표 23> 환경특성의 요인분석 결과

요인명	측정 항목	요인 부하량	고유값	분산비율 (%)	누적분산 (%)
대내적 압력	직원이 인터넷 도입을 원하는 정도	.886	4.928	37.911	37.911
	직원이 인터넷의 중요성을 역설한 정도	.826			
	인터넷 도입의 필요성에 대한 내부 임직원의 지각 정도	.808			
	내부 임직원의 인터넷 도입 주장	.799			
대외적 압력	인터넷을 도입하는 주요 거래업체 수의 증가	.826	2.004	15.411	53.322
	인터넷 도입을 원하는 고객 수의 증가	.801			
	인터넷을 도입하는 경쟁업체 수의 증가	.792			
	경쟁업체의 적극적인 인터넷 운영 정도	.724			
	주요 거래업체의 인터넷 도입압력	.657			
시장 불확실성	고객수요의 변동 정도	.809	1.598	12.291	65.613
	시장상황의 불안정한 정도	.754			
	시장의 경쟁 정도	.689			
	가격할인 정도	.546			

2) 조직특성의 요인분석

다음 <표 24>는 조직특성에 관한 총 13개 항목에 대하여 요인분석을 실시한 결과이다. 조직특성에 있어서는 선행 연구와 예비조사를 통하여 변수를 분류하고 타당성 및 신뢰성 있는 문항으로 구성하였기 때문에 연구가설에서 설정한 변수와 동일하게 고유치 1.0 이상인 3개의 요인이 도출되었다. 이 중 가장 높은 설명력을 보인 '최고경영층의 지원(5항목)'은 최고경영층에서 인터넷 활용을 위한 새로운 경영기법 혹은 기술정보의 도입의지, 인터넷 도입에 대한 전폭적인 지지 및 확고한 신념 등을 포함하였으며, 고유값은 6.351, 분산비율은 48.853%였다.

두 번째로 도출된 '조직역량(4항목)'은 인터넷 도입을 위한 재무적 지원 정도와 정보시스템, 전문적인 기술 및 노하우, 전문 인력의 확보 정도 등에 관한 항목으로 구성되었고, 고유값은 1.653, 분산비율은 12.715%였다. 이다음으로 도출된 '미래시장 지향성(4항목)'은 기업이 미래의 비전을 강조하거나 경쟁사에 비해 미래지향적인 정도 등과 관련되었으며, 고유값은 1.084, 분산비율은 8.339%였다.

이들 세 요인이 설명한 총 변량은 69.907%였는데, 각 요인을 구성하는 항목 모두가 요인값 0.5 이상을 나타내 측정 변수의 타당성이 입증되었다.

<표 24> 조직특성의 요인분석 결과

요인명	측정 항목	요인 부하량	고유값	분산비율 (%)	누적분산 (%)
최고 경영층의 지원	최고경영층의 새로운 경영기법의 도입의지	.837	6.351	48.853	48.853
	최고경영층의 인터넷 도입에 따른 위험감수 정도	.825			
	최고경영층의 인터넷 도입에 대한 전폭적인 지원	.814			
	최고경영층의 새로운 기술정보의 도입의지	.767			
	최고경영층의 인터넷 도입에 대한 확고한 신념	.748			
조직역량	인터넷 도입을 위한 재무적 지원 정도	.812	1.653	12.715	61.568
	인터넷 도입을 위한 하드웨어와 소프트웨어 등의 정보시스템 확보 정도	.807			
	인터넷 도입을 위한 전문적인 기술 및 노하우의 확보 정도	.800			
	인터넷 도입을 위한 전문인력 확보 정도	.791			
미래시장 지향성	과거의 성공보다 미래지향적인 정도	.757	1.084	8.339	69.907
	현재보다 미래의 비전을 강조하는 정도	.745			
	경쟁사에 비해 미래지향적인 정도	.685			
	미래 잠재성보다 과거 성과를 중시하는 정도[*]	.517			

* 역문항임.

3) 지각된 이익의 요인분석

　지각된 이익에 관한 총 16개 항목에 대하여 요인분석을 실시한 결과 <표 25>에서 알 수 있듯이 고유치 1.0 이상인 4개의 요인이 도출되었다. 지각된 이익의 경우 선행 연구와 예비조사를 통하여 변수를 분류하고 타당성 및 신뢰성 있는 문항으로 구성하였으므로 연구가설에서 설정한 변수와 동일하게 나타났다. 첫 번째로 도출된 '경영성과 향상(4항목)'은 인터넷을 도입하면 수익성이 개선되고 매출우위를 통해 경쟁우위가 강화되며, 자금흐름의 개선 및 시장점유율이 증가할 것이라고 지각하는 정도와 관련되었고, 고유값 3.859, 분산비율 24.121%로 가장 높은 설명력을 보였다.

　두 번째로 도출된 '고객관계관리(4항목)'는 인터넷을 도입함으로써 양질의 고객서비스를 제공하고 고객과의 관계 향상, 고객관리활동의 지원 용이성 및 제품／서비스 정보제공의 용이성 등의 지각 정도에 관한 항목으로 구성되었으며, 고유값은 2.557, 분산비율은 15.982%였다. 세 번째로 도출된 '경로특유의 장점(4항목)'은 인터넷을 도입할 경우 장소나 시간에 상관없이 제품 및 서비스를 판매하고, 다양한 유통업체를 통한 제품 및 서비스 판매가 가능할 뿐 아니라 전 세계의 소비자를 대상으로 할 수 있어 고객의 범위가 확대될 것이라고 지각하는 정도를 포함하였으며, 고유값은 1.860, 분산비율은 11.623%였다. 그리고 마지막으로 도출된 '비용절감(4항목)'은 인터넷을 도입하면 고객관리비용과 재고관리비용, 광고 및 판촉비용, 영업거래비용 등을 절감할 수 있다고 인식하는 정도와 관련되었고, 고유값 1.642,

분산비율은 11.513%였다.

이들 네 요인이 설명한 총 변량은 63.239%였으며, 각 요인을 구성하는 항목 모두가 요인값 0.5 이상을 나타내 측정 변수의 타당성이 입증되었다.

〈표 25〉 지각된 이익의 요인분석 결과

요인명	측정 항목	요인 부하량	고유값	분산비율 (%)	누적분산 (%)
경영성과 향상	수익성 개선에 대한 지각 정도	.882	3.859	24.121	24.121
	매출증가를 통한 경쟁우위강화에 대한 지각 정도	.843			
	자금흐름 개선에 대한 지각 정도	.833			
	시장점유율의 증가에 대한 지각 정도	.623			
고객관계 관리	양질의 고객서비스 제공에 대한 지각 정도	.864	2.557	15.982	40.103
	고객과의 관계 향상에 대한 지각 정도	.804			
	고객관리활동의 지원용이성에 대한 지각 정도	.797			
	제품 / 서비스의 정보제공 용이성에 대한 지각 정도	.527			
경로특유 의 장점	시간, 장소에 상관없이 제품 / 서비스의 판매 정도	.794	1.860	11.623	51.726
	다양한 유통업체를 통한 제품 / 서비스의 판매 정도	.779			

요인명	측정 항목	요인 부하량	고유값	분산비율 (%)	누적분산 (%)
경로특유 의 장점	전 세계의 소비자를 대상으로 판매할 수 있어 고객범위의 확대에 대한 지각 정도	.708	1.860	11.623	51.726
	시간과 장소에 상관없이 마케팅 및 상거래 활동을 펼칠 수 있어 업무 효율성이 높아지는 정도	.585			
비용절감	고객관리비용 절감에 대한 지각 정도	.825	1.642	11.513	63.239
	재고관리비용 절감에 대한 지각 정도	.772			
	광고 및 판촉비용 절감에 대한 지각 정도	.675			
	영업거래비용 절감에 대한 지각 정도	.504			

4) 지각된 장애의 요인분석

<표 26>은 지각된 장애에 관한 총 18개 항목에 대하여 요인분석을 실시한 결과로 고유치 1.0 이상인 4개의 요인이 도출되었다. 지각된 장애에 관해서는 선행 연구와 예비조사를 통하여 변수를 분류하고 타당성 및 신뢰성 있는 문항으로 구성하였으므로 연구가설에서 설정한 변수와 동일하게 나타났다. 첫 번째로 도출된 가장 높은 설명력을 보인 '제반비용(6항목)'은 사이트 관리비, 인건비 등의 유지비용과 물류시스템 구축비용, 서버나 네트워크 구축비 등의 초기시스템 구축비용, 시스템 확장, 업그레이드 비용 등의 계속투자비용, 그

리고 사이트 광고, 판촉 및 홍보비용 등의 제반비용이 발생할 것이라는 지각 정도와 관련되었으며, 고유값은 5.259, 분산비율은 29.218%였다.

두 번째로 묶인 '고객이탈(4항목)'은 인터넷을 도입함으로써 고객이 경쟁업체의 인터넷 쇼핑몰 혹은 오프라인 쇼핑몰로 이탈하거나 고객이탈이 심각해지는 정도, 고객정보유출의 가능성으로 인해 고객이탈이 발생하는 정도에 대한 지각을 포함하였고, 고유값은 3.096, 분산비율은 17.202%였다. 세 번째로 도출된 '조직내부 저항(4항목)'은 인터넷 도입에 따라 대리점 등 기존 거래업체가 저항하거나 사내 부서 간의 갈등, 기존 판매원의 반발이 발생하는 정도에 대한 지각으로 구성되었으며, 고유값은 1.921, 분산비율은 10.675%였다. 또한 네 번째로 도출된 '전환비용(4항목)'은 인터넷을 도입할 경우 거래업체 교체로 인한 마케팅 및 판매비용, 새로운 거래업체의 탐색비용은 물론 기존 거래업체의 교체비용, 고객손실비용이 발생한다고 지각하는 정도와 관련되었으며, 고유값은 1.583, 분산비율은 8.794%였다.

이들 네 요인이 설명한 총 변량은 65.889%였으며, 각 요인을 구성하는 항목 모두가 요인값 0.5 이상을 나타내 측정 변수의 타당성이 입증되었다.

〈표 26〉 지각된 장애의 요인분석 결과

요인명	측정 항목	요인 부하량	고유값	분산비율 (%)	누적분산 (%)
제반비용	유지비용(사이트 관리비, 인건비 등) 발생에 대한 지각 정도	.880	5.259	29.218	29.218
	물류시스템 구축비용 발생에 대한 지각 정도	.761			
	초기시스템구축비용(서버, 네트워크 구축비 등) 발생에 대한 지각 정도	.751			
	계속투자비용(시스템 확장, 업그레이드 비용 등)의 발생에 대한 지각 정도	.636			
	사이트 광고, 판촉 및 홍보비용의 발생에 대한 지각 정도	.598			
	초기투자비용(부서배치, 등록비용 등) 발생에 대한 지각 정도	.561			
고객이탈	경쟁업체 인터넷 쇼핑몰로의 고객이탈 정도	.883	3.096	17.202	46.420
	고객이탈의 심각수준	.879			
	고객정보 유출 가능성으로 인한 고객이탈 발생 정도	.872			
	경쟁업체로의 고객이탈 정도	.779			
조직내부 저항	대리점 등 기존 거래업체의 저항에 대한 지각 정도	.840	1.921	10.675	57.095
	사내 부서 간의 갈등 발생에 대한 지각 정도	.808			
	기존 판매원의 반발에 대한 지각 정도	.789			
	사내 부서의 저항 발생에 대한 지각 정도	.733			
전환비용	거래업체 교체로 인한 마케팅 및 판매비용의 발생에 대한 지각 정도	.787	1.583	8.794	65.889
	새로운 거래업체의 탐색비용 발생에 대한 지각 정도	.678			
	기존 거래업체의 교체비용 발생에 대한 지각 정도	.652			
	거래업체 교체에 따른 고객손실비용의 발생에 대한 지각 정도	.624			

5) 인터넷 혁신도입의 요인분석

인터넷 혁신도입에 관한 총 5개 항목에 대하여 요인분석을 실시한 결과 <표 27>과 같이 고유치 1.0 이상인 1개의 요인이 도출되었다. '인터넷 혁신도입(5항목)'은 패션 기업에서 인터넷 도입을 위한 재정적 혹은 인적 투자 정도, 기술시스템 구축 정도, 조직원에게 기술정보 사용을 권유할 의도, 인터넷 도입을 지속적으로 유지할 의도와 관련되었다. 고유값은 3.548, 분산비율은 70.957%였으며, 인터넷 혁신도입을 구성하는 항목 모두가 요인값 0.7 이상을 나타내 측정변수의 타당성이 입증되었다.

〈표 27〉 인터넷 혁신도입의 요인분석 결과

요인명	측정 항목	요인부하량	고유값	분산비율(%)
인터넷 혁신도입	인터넷 도입을 위한 재정적인 투자 정도	.927	3.548	70.957
	인터넷 도입을 위한 인적 투자 정도	.887		
	인터넷 도입을 위한 기술시스템 구축 정도	.873		
	조직원에게 기술정보 사용을 권유할 의도	.755		
	인터넷 도입을 지속적으로 유지할 의도	.754		

이상에서와 같이 요인분석을 통하여 측정변수의 타당성을 검증하였는데, <표 28>은 측정변수의 타당성 분석 결과에 따른 최종 항목 수를 제시한 것이다.

〈표 28〉 측정변수의 타당성 분석결과

구 분		최초 항목 수	최종 항목 수	요인값
환경특성	대내적 압력	4	4	.70 이상
	대외적 압력	5	5	.60 이상
	시장 불확실성	4	4	.50 이상
조직특성	최고경영층의 지원	5	5	.70 이상
	조직역량	4	4	.70 이상
	미래시장 지향성	4	4	.50 이상
지각된 이익	경영성과 향상	4	4	.60 이상
	고객관계관리	4	4	.50 이상
	경로특유의 장점	4	4	.50 이상
	비용절감	4	4	.50 이상
지각된 장애	제반비용	6	6	.50 이상
	고객이탈	4	4	.70 이상
	조직내부 저항	4	4	.70 이상
	전환비용	4	4	.60 이상
인터넷 혁신도입		5	5	.70 이상

제4절 가설 검증

본 연구는 측정 변수들 간의 영향관계를 분석하고, 인터넷 상거래 도입 여부에 따른 측정변수들의 차이를 알아보고자 하였으므로 통계

분석방법으로 다중회귀분석(Multiple Regression Analysis: enter method)과 t-test를 실시하였다. 이 중 다중회귀분석은 독립변수(independent variable)와 종속변수(dependent variable) 사이의 관계를 조직적으로 분석하기 위하여 사용하는 통계분석기법으로, 결정계수 R^2이 지나치게 작아서 0에 가까우면 회귀선은 적합하지 못하고, 분산분석에서 회귀식이 유의하다는 가설이 기각된 경우에는 다른 모형을 개발하여야 하며, 적합결여검증(lack-of-fit test)과 잔차(residual)를 검토하여 회귀모형의 타당성을 검토한다.

독립적인 두 표본을 비교하는 데 가장 많이 사용하는 t-test는 두 모집단의 평균이 서로 유의미한 차이가 있는지를 결정하기 위해 사용되는 모수적 검증기법이다. 다시 말해, '두 모집단에 차이가 없다'는 영가설과 '두 모집단의 평균 간에 차이가 있다'는 대립가설 중에서 하나를 선택하는 통계적 검증방법으로, 영가설하에서 두 모집단의 표본평균(sample mean) 간의 차이는 표본오차(sampling error)에서 기인한다고 간주한다. 표본오차는 평균으로부터 표준 혹은 전형적인 간격을 명확하게 보여주는 것으로 단일한 표본평균과 모평균 사이의 표준간격을 측정한 것이며, 표본이 추출된 모집단의 변산도와 표본의 크기에 의해 결정된다. t-test에서는 T-검정통계량을 통해 두 표본평균 간의 차이가 영가설하에 있을 확률(유의확률, P값)을 계산하는데, 유의확률이 영가설을 기각하기로 설정한 유의수준 5%와 같거나 작을 경우 영가설을 기각하고 대립가설을 채택한다.

따라서 본 연구는 독립변수와 종속변수 간의 영향관계를 조직적으로 확인시켜 주는 다중회귀분석과 두 집단 간 차이를 규명할 수 있는 t-test를 통하여 연구가설을 검증하였다.

1. 가설 1의 검증

본 연구에서 설정한 가설 1은 환경특성이 패션 기업의 인터넷 혁신도입에 미치는 영향을 분석하는 것이다. 이를 검증하기 위하여 인터넷 혁신도입을 종속변수로, 환경특성의 요인인 대내적 압력, 대외적 압력, 시장 불확실성을 독립변수로 다중회귀분석을 실시하였다. 그 결과 <표 29>에서 알 수 있듯이 환경특성의 요인 중 시장 불확실성을 제외한 대내적 압력(t=5.463, p<.001), 대외적 압력(t=6.725, p<.001)이 패션 기업의 인터넷 혁신도입(F=26.266, p<.001)에 영향을 미치고 있었다. 이는 패션 기업의 내부 직원이나 임직원이 인터넷 도입의 필요성을 강하게 느끼고 있거나 인터넷의 중요성을 역설할수록, 인터넷을 도입한 주요 거래업체 혹은 경쟁업체의 수가 증가하거나 인터넷 도입을 요구하는 고객의 수가 증가할수록 패션 기업에서 인터넷을 혁신적으로 도입하여 지속적으로 활용할 가능성이 높아진다고 해석할 수 있다.

대내적 압력(β=0.314)에 비하여 대외적 압력(β=0.386)이 인터넷 혁신도입에 미치는 영향력이 더 높게 나타났으며, 패션 기업의 인터넷 혁신도입에 대한 환경특성 요인의 전체 설명력(R^2)은 31.0%였다. 따라서 본 연구에서 설정한 가설 1-1, 1-2는 채택되었고, 1-3은 기각되었으며, 이 결과는 기업의 대내외적 압력이 인터넷 쇼핑몰 채택의도에 영향을 미친다는 지성구, 임채운(2004)의 연구와 일치하였고, 기업의 환경특성이 혁신도입에 영향을 미친다고 한 Damanpour(1991), Iacovou et al.(1995), Porter(2001)의 연구를 지지하였다. 그러나 이만교(2002)의 연구에서 시장 불확실성이 전자상거래 도입의 결정요인인 것으로 밝혀진 반면 본 연구에서는 시장불확실성의 영향력은 없었는데, 이는 이만교(2002)의 연구가 출판업과 서적유통업을 조사한 데 비해 본 연구가 패션 기업을 연구대상으로 하였기 때문에 나타난 차이라고 생각된다.

〈표 29〉 연구가설 1의 회귀분석 결과

종속변수	독립변수	β	t	F	R^2
인터넷 혁신도입	대내적 압력	0.314	5.463[***]	26.266[***]	0.310
	대외적 압력	0.386	6.725[***]		
	시장 불확실성	0.111	1.931		

[***]: $p < .001$.

인터넷 상거래가 활성화되고 인터넷을 통한 패션상품 구매자가 증가하면서 인터넷에서 패션상품의 판매비중이 갈수록 높아지고, 인터넷을 이용하는 고객은 물론 경쟁업체의 수가 더욱 증가할 것으로 예측되고 있다. 이에 따라 패션 기업에서 인터넷 도입과 관련하여 인지할 수 있는 대내외적 압력이 커짐으로써 인터넷 마케팅전략을 수립하거나 인터넷을 상거래 도구로 활용하려는 기업이 많아질 것으로 판단된다.

2. 가설 2의 검증

본 연구에서 설정한 가설 2는 조직특성이 패션 기업의 인터넷 혁신도입에 미치는 영향을 분석하는 것이다. 이를 검증하기 위하여 인터넷 혁신도입을 종속변수로, 조직특성의 요인인 최고경영층의 지원, 조직역량, 미래시장 지향성을 독립변수로 다중회귀분석을 실시하였다. 그 결과 <표 30>에서처럼 조직특성의 요인인 최고경영층의 지원(t = 11.669, p<.001), 조직역량(t=5.095, p<.001), 미래시장 지향성(t = 6.277, p<.001) 모두가 패션 기업의 인터넷 혁신도입(F =67.176, p< .001)에 영향을 미치고 있었다. 다시 말해, 최고경영층에서 인터넷 도입을 전폭적으로 지원하거나 확고한 신념을 가질수록, 과거나 현재보다 미래의 비전을 강조하고 인터넷 활용을 위한 재무적, 기술적, 인적 자원이 충분할수록 패션 기업에서 인터넷을 혁신적으로 도입하여 지속적으로 유지할 의도가 높아진다.

이 중에서도 최고경영층의 지원(β=0.566)이 인터넷 혁신도입에 미치는 영향력이 가장 높게 나타나 패션 기업의 인터넷 도입에는 최고경영층의 지원과 확고한 신념이 매우 중요한 요소라는 것을 발견하였다. 패션 기업의 인터넷 혁신도입에 대한 조직특성 요인의 전체 설명력(R^2)은 47.4%였으며, 본 연구에서 설정한 가설 2-1, 2-2, 2-3은 채택되었다. 이러한 결과는 기업의 조직준비성, 즉 최고경영층의 지원과 기업지원, 미래지향성이 인터넷 쇼핑몰 채택의도에 영향을 미친다는 지성구, 임채운(2004)의 연구와 일치하였고, 미래지향적인 기업일수록 혁신을 보다 빨리 도입한다고 한 Johne(1996), Chandy and Tellis(1998), Moormam and Miner(1997)의 연구, 최고경영층의 혁신성이 전자상거래 도입에 영향을 미친다고 밝힌 서창교 외(2001)와 이만교(2002)의 연구와도 비슷한 결과를 보였다.

〈표 30〉 연구가설 2의 회귀분석 결과

종속변수	독립변수	β	t	F	R^2
인터넷 혁신도입	최고경영층의 지원	0.566	11.669[***]	67.176[***]	0.474
	조직역량	0.247	5.095[***]		
	미래시장 지향성	0.304	6.277[***]		

[***]: $p<.001$.

3. 가설 3의 검증

본 연구에서 설정한 가설 3은 지각된 이익이 패션 기업의 인터넷 혁신도입에 미치는 영향을 분석하는 것이다. 이를 검증하기 위하여 인터넷 혁신도입을 종속변수로, 지각된 이익의 요인인 경영성과 향상, 고객관계관리, 경로특유의 장점, 비용절감을 독립변수로 다중회귀분석을 실시하였다. 그 결과 <표 31>과 같이 지각된 이익의 요인 중 비용절감을 제외한 경영성과 향상(t=6.691, p<.001), 고객관계관리(t=5.546, p<.001), 경로특유의 장점(t=5.261, p<.001)이 패션 기업의 인터넷 혁신도입(F=26.437, p<.001)에 영향을 미치고 있었다. 이

는 인터넷을 도입함으로써 경영성과가 향상되고 고객과의 관계가 향상되며, 장소나 시간에 상관없이 전 세계의 소비자를 대상으로 상품 및 서비스를 판매할 수 있다고 여기는 패션 기업일수록 인터넷을 마케팅 혹은 상거래 도구로 도입히어 지속적으로 투자할 가능성이 높아진다는 것을 의미한다.

이 중에서도 경영성과 향상(β=0.369)이 인터넷 혁신도입에 미치는 영향력이 가장 높았고, 패션 기업의 인터넷 혁신도입에 대한 지각된 이익 요인의 전체 설명력(R^2)은 32.2%였다. 따라서 본 연구에서 설정한 가설 3-1, 3-2, 3-3은 채택되었고, 3-4는 기각되었다. 이 결과는 기업의 지각된 이익, 즉 경영성과 향상과 경로파워 증대, 시장반응성 제고가 인터넷 쇼핑몰 채택의도에 영향을 미친다는 지성구, 임채운(2004)의 연구, 기대된 혜택이 B2B e-마켓플레이스 참여의도에 영향을 미친다는 김재욱 외(2003)의 연구와 유사하였다. 그러나 지성구, 임채운(2004)의 연구에서는 비용감소도 영향요인으로 밝혀진 데 비해 본 연구에서 비용감소의 영향력이 나타나지 않은 것은 본 연구가 제조업 및 서비스 기업을 대상으로 한 지성구, 임채운(2004)의 연구와 달리 패션 기업을 연구대상으로 하였기 때문이다. 또한 Chau and Tam(2000)의 연구에서는 지각된 이익이 기업의 개방시스템 도입의사결정에 영향을 미치지 않는 것으로 나타났는데, 이는 Chau and Tam(2000)이 연구대상으로 한 기업의 국적과 취급상품이 본 연구와 차이가 있다는 데 원인을 둘 수 있다.

<표 31> 연구가설 3의 회귀분석 결과

종속변수	독립변수	β	t	F	R^2
인터넷 혁신도입	경영성과 향상	0.369	6.691***	26.437***	0.322
	고객관계관리	0.306	5.546***		
	경로특유의 장점	0.290	5.261***		
	비용절감	−0.088	−1.595		

***: $p < .001$.

4. 가설 4의 검증

본 연구에서 설정한 가설 4는 지각된 장애가 패션 기업의 인터넷 혁신도입에 미치는 영향을 분석하는 것이다. 이를 검증하기 위하여 인터넷 혁신도입을 종속변수로, 지각된 장애의 요인인 제반비용, 고객이탈, 조직내부 저항, 전환비용을 독립변수로 다중회귀분석을 실시하였다. 그 결과 <표 32>에서 알 수 있듯이 지각된 장애의 요인 중 제반비용(t=3.582, p<.001)만이 패션 기업의 인터넷 혁신도입(F = 4.191, p<.01)에 영향을 미치고 있었다. 이는 인터넷을 도입함으로써 사이트 관리비, 인건비 등의 유지비용이나 물류시스템 구축비용, 초기시스템구축비용, 계속투자비용, 사이트 광고, 판촉 및 홍보비용이 발생할 것이라고 인지할수록 패션 기업에서 인터넷을 마케팅 혹은 상거래 도구로 도입하여 활용할 가능성이 낮아진다는 것을 뜻한다.

따라서 본 연구에서 설정한 가설 4−1은 채택되었고, 4−2, 4−3,

4-4는 기각되었으며, 패션 기업의 인터넷 혁신도입에 대한 지각된 장애 요인의 전체 설명력(R^2)은 12.0%였다. 이와 같이 설명력이 낮게 나타났기 때문에 연구결과를 확대해석하기에는 무리가 있으며, 본 연구의 결과는 기업의 지각된 장애요인 중 전환비용과 조직의 저항이 인터넷 쇼핑몰 채택의도에 영향을 미친다는 지성구, 임채운(2004)의 연구와는 다른 결과를 보인 것이다.

〈표 32〉 연구가설 4의 회귀분석 결과

종속변수	독립변수	β	t	F	R^2
인터넷 혁신도입	제반비용	0.231	3.582[***]	4.191[**]	0.120
	고객이탈	0.032	0.500		
	조직내부 저항	−0.122	−1.882		
	전환비용	−0.024	−0.379		

**: $p<.01$, ***: $p<.001$.

요약하면, 패션 기업의 경우 사이트 구축비나 초기시스템 및 물류시스템 구축비, 사이트 유지비와 광고, 홍보비용 등의 발생으로 인해 인터넷 도입을 망설일 수는 있지만, 고객 이탈이나 조직내부의 저항, 거래업체 교체로 인한 마케팅 및 판매비용, 새로운 거래업체의 탐색비용 및 고객손실비용이 발생할 것이라는 우려는 인터넷 혁신도입의 결정요소가 아니었다. 그러므로 패션 기업에서 인터넷 도입에 따른 장애요소를 얼마나 인지하던지 간에 인터넷의 도입 및 지속적인 유지에는 큰 영향을 미치지 않을 것으로 판단된다.

5. 가설 5의 검증

본 연구에서 설정한 가설 5는 인터넷 상거래 도입 여부에 따라 패션 기업에서 인터넷 혁신도입의 결정요인에 차이가 있는지를 분석하는 것이다. 이를 검증하기 위하여 인터넷 상거래 도입기업과 미도입기업 간의 평균 차이를 나타내는 t-test를 실시하였다. 그 결과 <표 33>에서처럼 환경특성요인 중 대외적 압력(t=2.177, p<.05), 지각된 이익요인 중 경영성과 향상(t=4.147, p<.001), 지각된 장애요인 중 제반비용(t=-2.586, p<.05)과 고객이탈(t=1.977, p<.05), 조직내부 저항(t=-2.037, p<.05)에서 통계적으로 유의한 차이를 보였다.

구체적으로 인터넷 상거래 미도입기업에 비하여 도입기업이 대외적 압력, 경영성과 향상 및 고객이탈을 더 높게 인지한 데 반해, 미도입기업은 도입기업보다 인터넷 도입에 드는 제반비용과 조직내부 저항을 더 높게 인지하고 있었다. 따라서 인터넷 상거래를 도입한 패션 기업은 그렇지 않은 기업과 비교하여 경쟁업체, 고객 등과 같은 외부압력을 더 많이 인지하고, 인터넷 상거래를 도입함으로써 수익성 개선, 매출증가를 통한 경쟁우위가 강화될 것이라 생각하였으며, 고객이탈의 수준은 더 심각해질 것으로 여기고 있었다. 이러한 결과는 B2C 전자상거래 도입기업과 미도입기업 간에 인터넷 결정요인 중 외부환경에 집단 간 차이가 있다고 주장한 안중호, 김용영(1999)의 연구의 일부를 지지하였다.

<표 33> 연구가설 5의 t-test 결과

(n = 228)

인터넷 혁신도입 결정요인		인터넷 상거래도입 여부	M	SD	t
환경특성	대내적 압력	도입기업(n = 189)	3.143	0.795	0.609
		미도입기업(n - 39)	3.058	0.796	
	대외적 압력	도입기업(n = 189)	3.397	0.670	2.177*
		미도입기업(n = 39)	3.139	0.699	
	시장 불확실성	도입기업(n = 189)	3.167	0.630	0.300
		미도입기업(n = 39)	3.135	0.483	
조직특성	최고경영층의 지원	도입기업(n = 189)	3.267	0.748	1.674
		미도입기업(n = 39)	3.046	0.755	
	조직역량	도입기업(n = 189)	3.349	0.725	1.544
		미도입기업(n = 39)	3.154	0.692	
	미래시장 지향성	도입기업(n = 189)	3.556	0.607	0.886
		미도입기업(n = 39)	3.462	0.586	
지각된 이익	경영성과 향상	도입기업(n = 189)	3.634	0.617	4.147***
		미도입기업(n = 39)	3.192	0.555	
	고객관계관리	도입기업(n = 189)	3.421	0.620	0.345
		미도입기업(n = 39)	3.385	0.440	
	경로특유의 장점	도입기업(n = 189)	3.825	0.548	1.085
		미도입기업(n = 39)	3.712	0.794	
	비용절감	도입기업(n = 189)	3.262	0.685	0.768
		미도입기업(n = 39)	3.173	0.501	
지각된 장애	제반비용	도입기업(n = 189)	3.672	0.600	−2.586*
		미도입기업(n = 39)	3.936	0.471	
	고객이탈	도입기업(n = 189)	2.857	0.886	1.977*
		미도입기업(n = 39)	2.558	0.724	
	조직내부 저항	도입기업(n = 189)	3.040	0.750	−2.037*
		미도입기업(n = 39)	3.308	0.738	
	전환비용	도입기업(n = 189)	3.234	0.597	0.033
		미도입기업(n = 39)	3.231	0.415	

*: $p < .05$, ***: $p < .001$.

제5절 가설 검증 결과의 요약

본 연구에서 도출된 5개의 연구가설 중에서 채택된 연구가설은 1개였고, 나머지 4개는 부분적으로 채택되었다. 다음 <표 34>는 연구가설의 검증에 따른 결과를 요약한 것이다.

〈표 34〉 연구가설 검증결과

구 분		연구가설	검증결과
H1		**환경특성(+) → 인터넷 혁신도입**	**부분채택**
	H1−1	대내적 압력(+) → 인터넷 혁신도입	채택
	H1−2	대외적 압력(+) → 인터넷 혁신도입	채택
	H1−3	시장 불확실성(+) → 인터넷 혁신도입	기각
H2		**조직특성(+) → 인터넷 혁신도입**	**채택**
	H2−1	최고경영층의 지원(+) → 인터넷 혁신도입	채택
	H2−2	조직역량(+) → 인터넷 혁신도입	채택
	H2−3	미래시장 지향성(+) → 인터넷 혁신도입	채택
H3		**지각된 이익(+) → 인터넷 혁신도입**	**부분채택**
	H3−1	경영성과 향상에 대한 지각(+) → 인터넷 혁신도입	채택
	H3−2	고객관계관리에 대한 지각(+) → 인터넷 혁신도입	채택
	H3−3	경로특유의 장점에 대한 지각(+) → 인터넷 혁신도입	채택
	H3−4	비용절감에 대한 지각(+) → 인터넷 혁신도입	기각
H4		**지각된 장애(−) → 인터넷 혁신도입**	**부분채택**
	H4−1	제반비용에 대한 지각(−) → 인터넷 혁신도입	채택
	H4−2	전환비용에 대한 지각(−) → 인터넷 혁신도입	기각
	H4−3	고객이탈에 대한 지각(−) → 인터넷 혁신도입	기각
	H4−4	조직내부의 저항(−) → 인터넷 혁신도입	기각
H5		**인터넷 상거래 도입 여부에 따른 인터넷 혁신도입 결정요인의 차이**	**부분채택**

첫째, 환경적 특성 중에서 대내외적 압력은 패션 기업에서 인터넷을 마케팅 혹은 상거래 도구로 도입하는 데 정적인 영향을 미치는 것으로 나타났다(H1). 이를 통해 주요 거래업체나 경쟁업체에서 적극적으로 인터넷을 도입하고 인터넷 이용고객이 증가하며, 내부 임직원이나 직원이 인터넷의 필요성을 강하게 인지할수록 인터넷을 혁신적으로 도입하여 지속적으로 활용할 의도가 높다는 것을 확인하였다. 특히 대내적 압력보다 대외적 압력이 인터넷 혁신도입에 미치는 영향이 더 큰 것으로 밝혀져 패션 기업의 외부 환경요인은 인터넷 혁신도입에 있어 매우 중요한 요소였다.

둘째, 조직특성인 최고경영층의 지원, 조직역량 및 미래시장 지향성은 패션 기업에서 인터넷을 마케팅 혹은 상거래 도구로 도입하는 데 정적인 영향을 미치고 있었다(H2). 이 중에서도 최고경영층의 지원이 패션 기업의 인터넷 혁신도입에 미치는 영향력이 가장 높게 나타나 최고경영층에서 인터넷 활용을 위해 새로운 경영기법 및 기술정보를 도입하거나, 인터넷 도입을 전폭적으로 지원하고 확고한 신념을 가지고 있을수록 인터넷을 혁신적으로 도입할 가능성이 더 많았다.

셋째, 패션 기업이 인터넷을 도입함으로써 인지할 수 있는 이익 중에서는 경영성과 향상과 고객관계관리, 경로특유의 장점이 인터넷을 마케팅 혹은 상거래 도구로 도입하는 데 정적인 영향을 미치고 있었다(H3). 따라서 인터넷을 도입하면 경영성과가 향상될 뿐 아니라 고객과의 관계가 개선되며, 장소나 시간에 구애받지 않고 상품 및 서비스를 제공할 수 있다고 인지할수록 인터넷을 마케팅 혹은 상거래 도구로 도입하여 지속적으로 활용할 의도가 더 많은 것으로 밝혀졌다.

넷째, 패션 기업의 지각된 장애 중에서 제반비용만이 인터넷 혁신도입에 부적인 영향을 미치고 있었다(H4). 이에 따라 인터넷을 도입하면 사이트 관리비나 인건비 등의 유지비용과 물류시스템 구축비용, 초기시스템구축비용, 계속투자비용, 사이트 광고, 판촉 및 홍보비용이 발생할 것이라고 인지할수록 인터넷을 마케팅 혹은 상거래 도구로 도입하여 지속적으로 투자할 의도가 낮아진다는 것을 확인하였다.

다섯째, 인터넷 상거래를 도입한 패션 기업과 도입하지 않은 패션 기업 간에는 대외적 압력, 경영성과 향상, 제반비용, 고객이탈 및 조직내부의 저항에 대한 인식에 차이가 있는 것으로 나타났다(H5). 인터넷 상거래 도입기업은 미도입기업에 비해 대외적 압력, 경영성과 향상 및 고객이탈을 더 높게 인지한 반면, 미도입기업은 도입기업보다 인터넷 도입에 드는 제반비용과 조직내부 저항을 더 높게 인지하고 있었다.

결과적으로, 본 연구는 인터넷 분야에서 활발하게 논의되고 있는 혁신이론을 적용하여 패션 기업의 인터넷 혁신도입에 영향을 미치는 특성을 밝히고, 인터넷 상거래 도입기업과 미도입기업 간에 결정요인의 차이를 확인한 데 의의가 있다.

제5장

결론 및 제언

제1절 연구의 요약 및 결론

본 연구는 혁신 차원에서 패션 기업이 인터넷을 마케팅 혹은 상거래 도구로 도입하는 결정요인이 무엇인지를 파악하고, 이러한 결정요인이 패션 기업에서 인터넷을 도입하여 지속적으로 활용하는 데 어떠한 영향을 미치는지를 분석하고자 하였다. 이와 함께 패션 기업을 인터넷 상거래 도입 여부에 따라 인터넷 상거래 도입기업과 미도입기업으로 세분화하여 이들 기업 간에 결정요인의 차이가 있는지를 밝힘으로써 패션 기업의 인터넷 활용에 관한 시사점을 제공하고자 하였다.

본 연구의 구체적인 목적은 첫째, 환경특성이 패션 기업의 인터넷 혁신도입에 영향을 미치는가, 둘째, 조직특성이 패션 기업의 인터넷 혁신도입에 영향을 미치는가, 셋째, 지각된 이익이 패션 기업의 인터넷 혁신도입에 영향을 미치는가, 넷째, 지각된 장애가 패션 기업의 인터넷 혁신도입에 영향을 미치는가, 다섯째, 패션 기업의 인터넷 상거래 도입 여부에 따라 인터넷 혁신도입의 결정요인에 차이가 있는가를 밝히는 데 있었다.

이러한 연구목적을 수행하기 위하여 패션 기업의 인터넷 도입현황과 혁신이론, 인터넷 혁신도입의 결정요인 및 인터넷 혁신관련 선행연구를 이론적으로 고찰하였고, 인터넷을 마케팅 혹은 상거래 도구로 활용하고 있는 서울 수도권지역의 패션 기업에 근무하는 MD와 디자이너, 기획부, 영업부 및 인터넷부서의 담당자를 분석대상으로 하였다. 연구대상의 주 연령대는 20대(40.8%), 30대(52.6%)였고, 남성(47.4%)보다 여성(52.6%)이 더 많았으며, 88.2%가 대학교 졸업 이상의 학력에 78.9%가 3년 이상의 경력자였다. 담당부서의 분포는 디자인부(25.4%), 기획부(19.8%), 마케팅부(18.4%), 영업부(18.4%), 온라인부(18.0%) 등이었으며, 72.4%가 대리 이상의 직책을 지니고 있어 본 연구의 목적에 적합한 표본으로 구성되어 있었다.

실증연구방법으로 패션 기업의 홈페이지와 자체 인터넷 쇼핑몰을 방문하여 대표 메일과 마케팅, 기획, 판매, 광고 등 분야별 담당자의 메일을 추출하여 리스트를 작성한 후 이메일 조사를 실시함과 동시에 패션 기업에 근무하고 있는 MD와 디자이너, 기획부 및 영업부 담당자를 대상으로 직접 방문 설문조사를 실시하였다. 실증조사 기간은 2007년 11월 17일에서 2008년 1월 17일까지였고, 자료 분석에 사용된 응답지는 총 228부였으며, 빈도분석, 신뢰도 분석, 요인 분석, 다중회귀분석, t-test 등으로 자료를 분석하였다.

도출된 5개의 가설 중 1개의 가설이 채택되고 4개의 가설이 부분적으로 지지되었으며, 가설검증 결과에 따른 결론을 제시하면 다음과 같다.

1. 연구문제 및 가설 1에 대한 결론

첫째, 패션 기업의 환경특성은 대내적 압력, 대외적 압력 및 시장 불확실성으로 구분되었다. 여기서 대내적 압력은 직원이 인터넷 도입을 원하거나 인터넷의 중요성을 역설한 정도, 내부 임직원 및 직원이 인터넷 도입의 필요성을 지각하거나 주장한 정도 등을 포함하였고, 대외적 압력은 주요 거래업체 및 경쟁업체에서 인터넷 도입이 증가하고 주요 고객이 인터넷 도입을 원하는 정도 등으로 구성되었으며, 시장 불확실성은 고객수요의 변동 정도와 시장상황의 불안정한 정도, 경쟁 및 가격할인의 심각수준 등이 해당되었다. 이 세 요인 중에서 대내적 압력의 설명력이 가장 높아 패션 기업의 임직원이나 직원들의 인터넷 도입압력이 중요한 환경특성인 것으로 밝혀졌다.

둘째, 환경특성에서 시장 불확실성을 제외한 대내외적 압력이 패션 기업의 인터넷 혁신도입에 영향을 미치는 것으로 나타났다. 다시 말해, 인터넷을 도입하는 주요 거래업체 및 경쟁업체가 증가하고 경쟁업체에서 적극적으로 인터넷을 운영할수록, 인터넷 도입을 원하는 고객 수가 증가할수록, 그리고 내부 직원이나 임직원이 인터넷 도입의 필요성을 주장할수록 패션 기업에서 인터넷을 혁신적으로 도입하여 지속적으로 유지할 의도가 높아지고 있었다. 최근 들어 인터넷에서 패션상품의 구매가 급증하면서 인터넷부서를 독립적으로 운영하거나 자체 쇼핑몰 혹은 인터넷 종합쇼핑몰 입점을 통해 변화하는 소비자의 욕구에 대응하는 패션 기업이 늘고 있다. 이러한 대내외적 환경 변화가 갈수록 심화될 것으로 예측되므로 보다 많은 패션 기업에서 인터넷을 통한 마케팅 및 상거래 활동을 펼치게 될 것이다.

셋째, 환경특성과 인터넷 도입과의 영향관계는 많은 선행연구에서 확인된 사실이지만, 기존 연구에서는 대내외적 압력요인만 거론하거나 시장 환경의 불확실성만을 결정요인으로 다루는 등 이를 동시에 분석한 연구는 전무하다. 그러나 본 연구는 패션산업의 특성상 대내외적 압력요인만이 아니라 시장 불확실성도 중요하다고 판단되어 세 요인을 모두 환경특성에 포함시켰고, 이들 세 요인이 인터넷 혁신도입에 미치는 영향이 어떠한지를 파악하였다. 그 결과 선행연구에서 시장 불확실성이 기업의 인터넷 도입의 결정요인인 것으로 밝혀진 데 비해, 패션 기업의 인터넷 혁신도입의 영향요인은 아닌 것으로 확인되었다. 따라서 패션 기업에서 인터넷을 혁신적으로 도입하는 데 있어 패션 시장의 불안정성이나 경쟁 정도, 고객수요의 변동 및 가격할인 정도 등의 영향력은 없다고 볼 수 있다.

2. 연구문제 및 가설 2에 대한 결론

첫째, 패션 기업의 조직특성은 최고경영층의 지원, 조직역량 및 미래시장 지향성으로 구분되었다. 최고경영층의 지원은 인터넷 활용을 위해 최고경영층에서 새로운 경영기법이나 기술정보를 도입하려는 의지, 인터넷 도입에 따른 위험감수 정도, 전폭적인 지원 및 확고한 신념 정도 등으로, 조직역량은 인터넷 도입을 위한 기업의 재무적 지원 정도와 정보시스템, 전문인력, 전문적인 기술 및 노하우의 확보 정도 등으로, 그리고 미래시장 지향성은 기업에서 현재 혹은 과거의 성과보다 미래의 비전을 강조하거나 경쟁업체에 비해 미래지향적인 정도 등으로 구성되었다. 이들 세 요인 중에서 최고경영층의 지원의 설명력이 가장 높게 나타나 최고경영층의 의지나 신념, 전폭적인 지원 등이 패션 기업의 주요 조직특성인 것으로 확인되었다.

둘째, 조직특성의 세 요인 모두가 패션 기업의 인터넷 혁신도입에 영향을 미치는 것으로 나타나, 최고경영층에서 인터넷 도입을 전폭적으로 지원하거나 기업이 미래의 비전을 강조할수록, 인터넷 활용을 위한 재무적, 기술적, 인적 자원이 충분할수록 패션 기업에서 인터넷을 혁신적으로 도입하여 지속적으로 활용할 가능성이 높아지고 있었다. 이 중에서도 인터넷 혁신도입에 가장 큰 영향을 미친 조직특성이 최고경영층의 지원인 것으로 밝혀져 패션 기업의 인터넷 도입에 있어서는 최고경영층의 전폭적인 지원 및 신념이 매우 중요한 요소였다. 그러므로 최고경영층에서는 디지털시대의 도래와 함께 변화하는 유통환경에 대한 충분한 이해를 바탕으로 인터넷을 새로운 마케팅 및 상거래 도구로 수용할 의지를 가지고 재무적, 기술적, 인적으로 투자해야 할 것이다.

셋째, 조직특성과 인터넷 도입과의 영향관계에 관한 여러 선행연구에서는 최고경영층의 지원과 혁신성을 중점적으로 다루고 있는 데 반해, 본 연구는 조직역량과 미래시장 지향성도 인터넷 혁신도입의 결정요인인 것으로 확인되었다. 이는 최고경영층의 의지는 물론이거니와 조직이 재무적, 기술적, 인적 역량을 지니고 미래의 비전을 강조해야 보다 혁신적으로 인터넷을 도입할 수 있다는 것을 증명한 것이다. 따라서 인터넷을 마케팅 혹은 상거래 도구로 활용하기 위한 전략을 수립하고자 하는 패션 기업에서는 최고경영층에서 인터넷 도입에 대한 의지를 갖고 있는지, 인터넷을 운용하기 위한 조직역량이 충분한지, 그리고 기업이 미래지향적인지 등을 검토해야 할 것이다.

3. 연구문제 및 가설 3에 대한 결론

첫째, 패션 기업이 인터넷을 도입함으로써 인지할 수 있는 이점은 경영성과 향상, 고객관계관리, 경로특유의 장점 및 비용절감인 것으로 나타났다. 경영성과 향상은 인터넷 도입으로 인해 수익성과 경쟁우위, 자금흐름 및 시장점유율이 개선되리라 여기는 정도를, 고객관계관리는 인터넷을 통해 양질의 고객서비스를 제공하거나 고객과의 관계가 향상되고 고객관리활동, 제품 / 서비스의 정보제공이 용이해지리라 지각하는 정도를 포함하였다. 경로특유의 장점은 전 세계 소비자를 대상으로 제품 / 서비스를 판매할 수 있고, 시공간을 초월한 마케팅 활동으로 업무 효율성이 향상될 것이라 여기는 정도로, 비용절감은 고객관리나 재고관리, 영업거래, 광고 및 판촉비용을 절감할 수 있다고 믿는 정도로 구성되었다. 이 중에서 경영성과 향상의 설명력이 가장 높아 패션 기업에서 인터넷의 도입에 따라 인지할 수 있는 주요 이점은 수익성이나 매출, 자금흐름 및 시장점유율 등의 증가라고 볼 수 있다.

둘째, 지각된 이익의 경우 비용절감을 제외한 경영성과 향상과 고객관계관리, 경로특유의 장점이 인터넷 혁신도입에 영향을 미치고 있었다. 이는 인터넷을 도입함으로써 경영성과나 고객과의 관계가 개선되고, 장소나 시간에 상관없이 상품 및 서비스를 판매함으로써 업무 효율성을 높일 수 있다고 여기는 패션 기업일수록 인터넷을 마케팅 혹은 상거래 도구로 도입하여 지속적으로 유지할 의도가 높다는 것을 증명한 것이다. 그러므로 인터넷의 혁신적 도입은 패션 기업에게 다양한 측면에서 이익을 안겨주는 요소라고 할 수 있다.

셋째, 대부분의 선행연구에서는 전자상거래 도입과 관련하여 지각된 이익을 다루어 왔지만, 본 연구는 마케팅 도구로 인터넷을 활용하는 경우까지 포함하여 인터넷 마케팅 및 비즈니스를 실시함으로써 인지할 수 있는 이점 모두를 고려하였다. 또한 인터넷 상거래 도입의 결정요인으로 비용절감이 중요하게 거론된 선행연구와 달리 패션 기업의 인터넷 혁신도입에는 비용절감의 영향력이 없는 것으로 나타났다. 따라서 패션 기업의 경우 고객관리나 재고관리비용, 영업거래비용, 광고 및 판촉비용 등을 절감하기 위해서 인터넷을 도입하는 것은 아니라고 볼 수 있다.

4. 연구문제 및 가설 4에 대한 결론

첫째, 패션 기업이 인터넷 도입 시 인지할 수 있는 장애는 제반비용, 고객이탈, 조직내부 지향 및 전환비용인 것으로 나타났다. 제반비용은 사이트 관리비, 인건비 등의 유지비용과 초기시스템 및 물류시스템 구축비용, 시스템 확장이나 업그레이드 등을 위한 계속투자비용, 사이트 광고, 판촉 및 홍보비용 등의 발생에 대한 지각 정도를, 고객이탈은 고객이 경쟁업체의 인터넷 쇼핑몰 혹은 오프라인 쇼핑몰로 이탈하거나 고객이탈의 심각수준에 대한 지각 정도를 포함하였다. 조직내부 저항은 인터넷을 도입할 경우 기존 거래업체 및 판매원의 저항과 사내 부서 간의 갈등에 대한 지각 정도로, 전환비용은 거래업체 교체로 인한 마케팅 및 판매비용, 새로운 거래업체의 탐색비용 및 고객손실비용 등의 발생에 대한 지각 정도로 구성되었다. 이 중에서 제반비용의 설명력이 가장 높아 패션 기업에서는 인터넷을 도입함으로써 유지비용, 초기시스템 및 물류시스템 구축비용, 계속투자비용 등이 발생할 것이라 우려하고 있었다.

둘째, 지각된 장애에 있어서는 제반비용만이 패션 기업의 인터넷 혁신도입에 영향을 미치고 있어 초기시스템 및 물류시스템 구축비용과 유지비용, 계속투자비용 등이 발생할 것이라고 우려하는 기업일수록 인터넷을 마케팅 혹은 상거래 도구로 도입하는 데 적극적이지 않았다. 이와 같이 본 연구에서는 제반비용의 영향력만이 나타났지만, 여러 선행연구에서는 전환비용과 조직내부 저항 등도 중요한 결정요인으로 거론되어 왔다. 타 산업 분야에서 지각하는 장애요인이 패션 분야에서는 크게 고려되지 않고 있었으므로 고객이탈이나 조직 내부의 저항, 전환비용 등의 장애를 인지한다고 해서 반드시 인터넷 도입에 부정적인 것만은 아니라고 유추할 수 있다.

5. 연구문제 및 가설 5에 대한 결론

첫째, 패션 기업의 인터넷 도입현황을 살펴본 결과, 인터넷 상거래 도입기업(82.9%)이 미도입기업(17.1%)보다 훨씬 높게 나타나 대부분의 패션기업에서 인터넷을 유통경로로 도입하고 있었다. 인터넷 상거래 도입연도는 2000년도 이후였고, 백화점(25.8%) 다음으로 인터넷(25.3%)을 유통경로로 활용하고 있었으며, 인터넷 상거래 형태는 백화점 인터넷 쇼핑몰 입점(25.3%), 자체 쇼핑몰 구축(19.6%), 패션전문 인터넷 종합쇼핑몰 입점(13.3%), 온라인 전문 인터넷 종합쇼핑몰 입점(12.1%) 등의 순이었다. 패션 기업의 유통 형태에서 인터넷의 비중은 점점 커질 것으로 예측되며, 패션 기업의 경우 브랜드 인지도를 바탕으로 소비자 신뢰를 형성할 수 있기 때문에 인터넷 진출이 용이하다고 할 수 있다. 그러나 기존 유통경로와의 관계로 인하여 인터넷 유통전략 수립 및 직접 판매에 여러 가지 어려움이 있을 수 있으므로 보다 체계적이고 구체적인 전략수립이 요구된다.

둘째, 패션 기업 중에서 인터넷 상거래 도입기업과 미도입기업 간에 인터넷 혁신도입의 결정요인에 대한 인식에 차이를 보였다. 구체적으로, 인터넷 상거래 도입기업은 미도입기업에 비해 주요 거래업체, 경쟁업체 및 고객 등의 대외적 압력과 인터넷 도입에 따른 경영성과 향상을 더 많이 인지하고 있었으나, 인터넷을 도입함으로써 고객의 이탈 수준이 심각해질 것이라 여기고 있었다. 이에 반해 인터넷 상거래 미도입기업은 도입기업보다 유지비용, 초기시스템 및 물류시스템 구축비, 투자비용, 사이트 광고, 판촉 및 홍보비용 등의 제반비용의 발생은 물론 대리점 등 기존 거래업체나 판매원, 내부 조직원의 저항이 더 심각해질 것이라 우려하고 있었다.

셋째, 인터넷 상거래 도입기업과 미도입기업 간의 결정요인 차이에 관한 선행연구에서는 외부환경 요인을 주요하게 다루어 왔으나, 본 연구는 경영성과 향상, 고객이탈, 제반비용 및 조직 내부의 저항에서도 차이가 나타났다. 이 중에서도 장애요인은 선행연구에서 거의 다루지 않은 요인이었음에도 불구하고, 본 연구에서 중요한 차이를 보이는 요인인 것으로 밝혀졌다. 이러한 결과는 타 산업 분야를 대상으로 인터넷 상거래 도입기업과 미도입기업 간의 결정요인 차이를 연구할 경우 장애요인을 고려할 필요가 있다는 것을 시사한다.

결론적으로, 환경특성과 조직특성, 지각된 이익 및 장애는 패션 기업의 인터넷 혁신도입에 영향을 미치고 인터넷 상거래 도입기업과 미도입기업 간에 결정요인의 차이가 나타났으므로 인터넷 쇼핑몰에서는 이러한 점을 고려하여 패션 브랜드 유치전략을 수립해야 할 것이다. 또한 본 연구의 결과는 인터넷에 의한 패션 시장의 변화와 여러 가지 결정요소를 확인하였기 때문에 인터넷을 도입하지 않은 패션 기업의 인터넷 도입에 대한 시사점을 제공할 것이다.

제2절 연구의 제언 및 마케팅적 시사점

본 연구는 패션 기업의 인터넷 도입을 혁신의 관점에서 분석하고, 패션 기업의 어떠한 특성이 인터넷 혁신도입에 영향을 미치는지를 밝힘으로써 패션 기업의 인터넷 마케팅 전략은 물론 인터넷 쇼핑몰의 패션 브랜드 유치전략 수립에 시사점을 제공하고자 하였다. 본 연구의 이론적 기여점은 다음과 같다.

첫째, 기존 혁신이론에 근거한 연구의 대부분은 개인 차원의 혁신 채택연구에 중점을 두고 있고, 이러한 개인의 혁신연구조차 패션 분야에서는 거의 이루어지지 않고 있다. 그러나 본 연구는 기업이 인터넷을 혁신적으로 도입하는 상황으로 연구의 대상을 확장하고, 이를 패션 기업에 적용하여 연구를 수행하였다는 점에서 의의를 지닌다. 또한 전자상거래에 관한 기존 연구의 상당수가 거래 형태 구분이 명확하지 않아 그 결과의 적용에 한계가 있은 데 반해, 본 연구

는 패션 기업이 인터넷을 마케팅 혹은 B2C 전자상거래 도구로 도입
하는 경우로 한정하고 패션 기업의 특수성을 고려하여 연구함으로써
기존 연구의 한계를 극복하였다.

둘째, 대부분의 선행연구는 미도입기업을 대상으로 전자상거래 도
입의 결정요인을 연구하거나 도입기업과 미도입기업의 비교 연구에
한정되어 연구가 수행되어 왔으며, 오프라인 기반 기업의 인터넷 전
자상거래 도입에 관한 연구는 극히 제한적이다. 그러나 본 연구는
오프라인 기반 패션 기업의 인터넷 도입을 고려하여 다양한 선행변
수의 영향력을 검증함은 물론, 인터넷을 마케팅 도구로 도입하되 고
객 대상 전자상거래를 실시하는 기업과 그렇지 않은 기업의 특성 차
이를 규명하였다는 점에서 학문적으로 기여하였다.

셋째, 기존의 인터넷 혁신연구는 인터넷을 새로운 정보기술로 보
고 기술혁신채택관점에서 연구가 이루어지고 있으며, 하위 차원도 환
경특성, 조직특성 및 기술특성의 세 가지로 구분하여 연구될 뿐 지
각된 이익이나 장애에 대한 연구는 소홀하였다. 반면에 본 연구는
패션 기업의 인터넷 도입에 있어 지각된 이익과 장애요인의 영향력
이 있을 것으로 보고, 하위 구성개념을 개발하여 실증적으로 검증함
으로써 향후 전자상거래 및 인터넷 마케팅 연구에 응용할 수 있는
척도를 제시하였다. 구체적으로, 지각된 이익요인을 4개의 하위요인,
즉 경영성과 향상과 고객관계관리, 경로특유의 장점 및 비용절감 등
의 구성개념으로 정교화하고 변수의 신뢰성과 타당성을 검증하였으
며, 기존 연구에서 다루어진 적이 거의 없는 지각된 장애요인을 비

용과 조직 측면에서 제반비용과 전환비용, 고객이탈 및 조직내부 저항 등의 5개의 하위요인 측면에서 규명하였다.

본 연구의 결과에 따른 마케팅 시사점을 제언하면 다음과 같다.

첫째, 본 연구는 여러 유통경로를 활용하여 제품 및 서비스를 판매하고 있는 패션 제조기업이 인터넷 유통경로를 도입할 경우 고려해야 할 요소를 제시하였다는 점에서 마케팅적 시사점을 가진다. 특히 인터넷 도입에 따른 패션 기업의 지각된 이익과 장애요소에 대한 파악은 환경적 혹은 조직적 특성만이 아니라 다양한 관점에서 인터넷 도입을 고려할 필요가 있음을 시사하므로 패션 기업에서는 경영성과 향상, 고객과의 관계 개선 및 경로특유의 장점을 염두에 두되 인터넷 도입에 드는 제반비용과의 상쇄관계를 잘 파악해야 할 것이다. 또한 패션 기업의 인터넷 도입에는 장애요인보다 이익요인의 영향력이 더 큰 것으로 밝혀졌으므로 아직 인터넷을 도입하지 않은 패션 기업에서는 인터넷 도입으로 인한 이익요소를 확인하여 인터넷을 마케팅에 활용할 것인지, 아닌지를 결정해야 할 것이다.

둘째, 주요 유통업체 및 경쟁업체의 인터넷 도입과 인터넷 이용 고객의 증가는 패션 기업의 인터넷 도입에 결정적인 요소라고 할 수 있다. 지금과 같이 인터넷을 통한 패션상품 구매비중이 높아지고, 인터넷을 유통경로로 활용하는 제조기업 및 유통기업이 증가하는 시점에서 패션 기업의 인터넷 도입은 갈수록 상승할 것으로 전망된다.

그러나 패션 산업의 특성상 직영점, 대리점을 통한 유통이 주를 이루기 때문에 패션 기업의 인터넷을 통한 직접 판매에는 여러 가지 문제가 내재되어 있다. 따라서 패션 기업에서는 기존 유통경로와의 갈등 해결은 물론 보다 구체적, 실제저인 인터넷 마케팅 전략을 수립한 후에 인터넷을 도입하는 것이 바람직하다. 예를 들어, 이월 혹은 재고상품은 인터넷에서, 신상품은 오프라인에서 판매하거나 인터넷 판매가 일정액을 초과할 경우 그 초과액에 대하여 대리점에 배상하는 등의 인터넷 유통전략을 수립할 수 있을 것이다.

셋째, 최고경영층의 지원, 조직 역량 및 미래시장 지향성은 패션 기업의 인터넷 도입에 중요한 영향요인으로 밝혀졌으며, 특히 최고경영층의 지원이 인터넷 혁신도입에 미치는 영향이 가장 큰 것으로 나타났다. 그러므로 패션 기업이 혁신적으로 인터넷을 도입하여 지속적으로 운영하기 위해서는 최고경영층의 도입의지와 함께 전폭적인 지원과 신념, 비전 제시를 통하여 기존 경로와의 마찰을 최소화할 수 있도록 리더십을 발휘해야 할 것이다. 뿐만 아니라 인터넷 도입 및 운영에 대한 기술적, 재무적, 인적 역량과 과거의 성과보다 미래를 중시하는 조직문화를 조성한다면 인터넷을 성공적으로 도입할 수 있을 것이다.

넷째, 현재로서는 인터넷에서 자체 쇼핑몰을 구축한 기업보다 백화점 기반 인터넷 쇼핑몰이나 패션전문 인터넷 종합 쇼핑몰 등의 입점을 통한 인터넷 유통전략을 수립한 기업이 더 많은 것으로 파악되었다. 이럴 경우 오프라인 유통구조와 마찬가지로 인터넷에서도 유통업체 중심의 거래구조를 이루게 되어 패션 기업의 이익이 낮아지고 소비자가는 상승하는 현상이 심화될 수 있다. 따라서 유통업체가 아니라 제조업체 중심의 인터넷 유통전략을 수립하기 위한 패션 기업의 노력이 절실하며, 기업과 소비자 모두에게 이익이 되는 인터넷 유통 및 판매전략을 시행해야 할 것이다. 이와 동시에 거시적인 관점에서 인터넷 경로 특유의 장점을 인지하고, 전 세계 소비자를 대상으로 판매하고자 하는 패션 기업의 의식전환이 요구된다.

제3절 연구의 한계 및 후속 연구 제언

본 연구의 한계에 따른 후속연구를 제언하면 다음과 같다.

첫째, 본 연구는 혁신이론을 수용하여 패션 기업을 대상으로 연구한 것에 의의가 있으나, 향후 연구에서는 여성의류기업, 남성의류기업 및 캐주얼의류기업 등으로 패션 기업을 세분화하여 연구할 필요가 있다. 다시 말해, 패션 상품군에 따른 비교 연구를 실시하면서 결정요인의 차이를 규명한다면 각각의 상품군별로 보다 구체적인 시사점을 제시할 수 있을 것이다.

둘째, 본 연구에서는 인터넷 혁신도입의 결정요인 규명에 중점을 두고 있지만, 후속 연구에서 인터넷 혁신확산까지 연구한다면 인터넷을 도입하여 수용, 실행 및 확산되는 과정까지 확인할 수 있을 것이다. 또한 패션 제조업과 유통업으로 구분하여 이들의 결정요인을 비교 분석하거나, 인터넷 도입의 결정요인이 마케팅 성과에 미치는 영향까지 고려한다면 보다 심도 깊은 제언이 가능할 것이다.

참고문헌

국내 문헌

강낙중(2001). *한국수출제조기업의 인터넷 마케팅 결정요인과 성과*. 부산대학교 박사학위논문.

강낙중(2002). 한국수출제조기업의 인터넷 마케팅 결정요인 및 성과. *국제무역연구*, *8*(2), 149－184.

김선숙(2005). 의류상품의 인터넷쇼핑몰 성공제품에 관한 조사연구－F／W 상품을 중심으로－. *한국의류학회지*, *29*(9／10), 1349－1358.

김선숙, 이은영(2003). 인터넷 쇼핑몰 이용자의 의류상품 쇼핑행동 유형 연구. *한국의류학회지*, *27*(9／10), 1036－1047.

김정림, 김영인(2003). 국내・외 영 캐주얼웨어의 웹 사이트에 나타난 브랜드 컨셉분석. *한국의류학회 학술대회지*, *74*.

김재욱, 이성근, 최지호(2003). B2N e－marketplaces 참여의도에 영향을 미치는 요인. *유통연구*, *8*(2), 85－101.

서창교, 김병연, 이형석(2002). EC 효익과 경쟁전략과의 관계에 관한 실증분석. *경영정보학연구*, *12*(2), 1－23.

서창교, 이형석(2000). 기술혁신 관점에서 전자상거래 도입단계의 실증분석. *경영정보학연구*, *10*(2), 197－211.

서추연(2004). 인터넷 패션 쇼핑몰의 여성복 사이즈 실태조사－정장 재킷을 중심으로－. *한국가정과학회 학술대회지*, *72*.

신건호(1999). *신경영혁신*. 서울: 학현사.

신수연, 조정아(2007). 인터넷 쇼핑몰의 eSCM 실행요인과 성과에 관한 연구-패션상품 공급업체를 중심으로-. *한국의류학회지*, *31*(1), 95-106.

안중호, 김용영(1999). Lock-in을 활용한 인터넷 비즈니스 전략. *경영정보논집*, 9, 91-109.

오기석(1999). *인터넷 소매업에서 제품속성의 매체적합성에 관한 연구*. 서울대학교 경영학과 대학원 석사학위논문.

"의류·패션, 인터넷 쇼핑의 주요상품으로 자리매김" (2006, 1. 18). 데이터 뉴스.

이만교(2002). *기업의 인터넷 전자상거래 도입의도에 관한 실증적 연구: 혁신수용론적 관점*. 대구대학교 대학원 박사학위논문.

이만교, 박관희(2000). 기업에서의 전자상거래 시스템의 도입에 관한 탐색적 연구-Business-to-Customer(B to C)를 중심으로-. 한국 *정보시스템학회 춘계학술대회 발표논문집*, 2000. 01., 201-208.

이은진(2005). *인터넷 쇼핑에서의 플로우 경험과 실용적 가치 지각이 패션상품 구매의도에 미치는 영향*. 중앙대학교 대학원 박사학위논문.

이은진(2007). *패션 소비자의 플로우 경험*. 경기도: 한국학술정보.

이은진, 나윤규(2007). *패션상품과 인터넷 유통*. 경기도: 한국학술정보.

이은진, 홍병숙(1999). PC통신 및 인터넷 이용자의 통신판매를 통한 의류제품 구매성향. *한국의류학회지*, *23*(7), 1007-1018.

이은진, 홍병숙(2006). 인터넷 쇼핑에서 지각된 실용적 가치와 서비스 품질이 패션상품 재구매의도에 미치는 영향. *복식*, *56*(7), 46-57.

장유정, 박재옥, 이구혜(2003). 패션 브랜드의 온라인 커뮤니티 구성요소와 현황조사. *복식문화학회 학술대회지*, 104-106.

조동성, 신철호(1996). *14가지 경영혁신기법의 통합모델*. 서울: 아이비에스컨설팅그룹.

지성구(2003). *인터넷 유통경로 채택의도의 결정요인: 자기잠식 수용도의 매개변수 역할을 중심으로.* 서강대학교 대학원 박사학위논문.

지성구, 임채운(2004). 기업의 인터넷 쇼핑몰 채택의도의 결정요인. *유통연구, 9*(2), 1-27.

"패션시장 중장년층 급부상" (2006, 11. 20). 네이버 연합뉴스TV.

패션브릿지(2007). *21세기 e-유통망시대 '온라인 패션시장'이 뜬다.* 2007년 12월호.

한국광고단체연합회(2004). *2004년 KNP 보고서.* 서울: 한국광고단체연합회.

한국광고단체연합회(2005). *2005년 KNP 보고서.* 서울: 한국광고단체연합회.

한국유통학회(2006). 유통총람. 서울: 범한.

한국인사조직학회(1997). *한국기업의 변화와 혁신.* 서울: 다산출판사.

홍동표, 문성배, 유선실, 박용우, 정부연, 김재경, 김민창(2004). *국내 인터넷 쇼핑 시장 분석 및 전망.* 정보통신정책연구원(KISDI).

홍희숙(2006). 의류 브랜드 온라인 커뮤니티에 대한 몰입이 브랜드에 대한 심리적 일체감 및 행동적 반응에 미치는 영향. *한국의류학회, 30*(6), 916-927.

홍희숙, 김유민(2006). 의류 브랜드의 온라인 커뮤니티 마케팅. *섬유기술과 산업, 10*(3), 267-278.

국외 문헌

Abrahamson, E.(1991). Managerial fads and fashions: the diffusion and rejection of innovations. *Academy of Management Review, 16*(3), 586−612.

Abrahamson, E., & L. Rosenkopf(1993). Institutional and Competitive Bandwagons: Using Mathematical Modeling as a Tool to Explore Innovation Diffusion. *Academy of Management Review, 18*, 487−517.

Alba, Joseph W., John Lynch, Barton Weitz, Chris Janiszewski, Richard Lutz, Alan Sawyer, and Stacy Wood(1997). Interactive Home Shopping: Consumer, Retailer, and Manufacturer Incentives to Participate in Electronic Marketplaces. *Journal of Marketing, 61*(July), 38−53.

Amabile, T, M.(1988). A Model of Creativity and Innovation in Organizations, In L. L. Cummings and B. M. Staw(Eds.), *Research in Organizational Behavior, 10*, 123−167, Greenwich, CT: JAI Press.

Burns, T., & G. M. Stalker(1961). *The Management of Innovation.* London Tavistock.

Chandy, Rajesh, & Gerard J. Tellis(1998). Organizing For Radical Product Innovation: The Overlooked Role of Willingness to Cannibalize. *Journal of Marketing Research, 35*(4), 474−487.

Chappell, C., & S. Feindt(1999). Analyses of E−commerce Practices in SMEs. http://158.169.51.200/ecommerce/sme/reports.html.

Chau, P. Y. K., & K. Y. Tam(1997). Factors Affecting the Adoption of

Open Systems: An Exploratory Study. *MIS Quarterly, 21*(1), 1−25.

Chau, P. Y. K., & K. Y. Tam(2000). Organizational Adoption of Open Systems: A 'Technology−Push, Need−Pull' Perspective. *Information and Management, 37*(5), 229−239.

Cooper, R. B., & R. W. Zmud(1990). Information Technology Implementation Research: A Diffusion Approach. *Management Science, 36*(2), 123−139.

Cragg, P., & M. King(1993). Small−Firm Computing: Motivators and Inhibitors. *MIS Quarterly, 17*(1), 47−60.

Daft, R. L.(1978). A Dual−Core Model of Organizational Innovation. *Academy of Management Journal, 21*(2), 193−210.

Damanpour, F., & S. Gopalakrishnan(1998). Theories of Organizational Structure and Innovation Adoption: The Role of Environmental Change. *Journal of Engineering and Technology Management, 15*, 1−24.

Damanpour, F.(1991). Organizational Innovation: A Meta−analysis of Effects of Determinants and Moderators. *Academy of Management Journal, 34*, 555−590.

Dawson, J.(2000). Retailing at Century End: Some Challenges for Management and Research. *International Review of Retail Distribution and Consumer Research, 10*(2), 119−148.

Downs, G. W., Jr., & L. B. Mohr(1976). Conceptual Issues in the Study of Innovation. *Administrative Science Quarterly, 21*(Dec), 700−714.

Drazin, R., & C. B. Schoonhoven(1996). Community, Population, and Organization Effects on Innovation: A Multi−level Perspective. *Academy of Management Journal, 39*(5), 1065−1083.

Foong, S. Y.(1999). Effect of End−User Personal and Systems Attributes on Computer−Based Information System Success in Malaysian SMEs. *Journal of Small Business Management, 37*(3), 81−88.

Grevaes, C., P. Kipling, & T. D. Wilson(1999). eBusiness Use of the World Web, with Particular Reference to UK Company. *International Journal of Information Management, 19*(6), 449−470.

Grover, V., & M. D. Goslar(1993), The Initiation, Adoption, and Implementation of Telecommunications Technologies in U.S. Organizations. *Journal of Management Information Systems, 10*(1), 141−163.

Hage. J.(1980). *Theories of Organizations: Form, Process, and Transformation.* New York: Wiley.

Heide, J., & A. M. Weiss(1995). Vender Consideration and Switching Behavior Buyers in High−Technology Markets. *Journal of Marketing, 59*(July), 30−43.

Hellriegal. D., S. E. Jackson, & J. W. Slocum Jr.(1999). *Management,* eighthedition. South Western College, Cincinnati.

Hirshmane(1982). Symbolism and technology as sources for the generation of innovation. *Advance in Consumer Research, 7,* 537−541.

Hoffman, D. L., & Novak, T. P(1996). Marketing in Hypermedia Computer−Mediated Environments: Conceptual Foundations. *Journal of Marketing, 60*(July), 50−68.

Iacovou, C., I. Benbasat & A. Dexter(1995). Electronic Data Interchange and Small Organizations: Adoption and Impact of Technology. *MIS Quarterly, 19*(4), 465−485.

Johne, A.(1996). Succeeding at Product Development Inovolves More than Avoiding Failure. *European Management Journal, 14*(2), 176−180.

Johne, A., & C. Storey(1998). New Service Development: A Review of the Literature and Annotated Bibliography. *European Journal of Marketing, 32*(4), 184−251.

Jutla, D., P. Bodorik, C. Hajnal, & C. Davis(1999). Making Business Sense of Electronic Commerce. *IEEE Computer, 32*(2), 67−75.

Kanter, R. M.(1988). When a Thousand Flowers Bloom: Structural, Collective, and Social Conditions for Innovation in Organizations. In L. L. Cummings and B. M. Staw(Eds.). *Research in Organizational Behavior, 10*, Greenwich, CT, JAL Press.

Keen, Peter G. W.(1991). *Shaping the Future*: *Business Design Through Information Technology*. Harrard Business School Press.

Kettinger, William J., & Gary Hackbarth(1997). Selling in the Era of the "Net": Integration of Electronic Commerce in Small Firms, *Proceedings of the Eighteenth International Conference on Information Systems*, 249−262.

Kimberly, J. R.(1981). *Managerial Innovation*, In P. C. Nystrom and W. H. Starbuck(Eds.). Handbook of Organizational Design, Vol.1, New York Oxford University, Press.

Kwon, T., & R. Zmud(1987). *Unifying the Fragmented Models of Information System Implementation*. in Critical Issues in Information System Research, Boland, R., & Hirschheim, R. (eds.), New York: John Wiley.

Lancioni, R. A., M. F. Smith, & T. A. Oliva(2000). The Role of the internet in Supply Chain Management. *Industrial Marketing Management, 29*(1), 45－56.

Lederer, A. L., D. A. Mirchandani, & K. Sims(1997). The Link between Information Strategy and Electronic Commerce. *Journal of Organizational Computing and Electronic Commerce, 7*(1), 17－34.

Lynch, John G. Jr., & Dan Ariely(2000). Wine Online: Search Costs Affect Competition on Price, Quality, and Distribution. *Marketing Science, 19*(1), 83－103.

Mols, N. P.(2001). Organizing for the Effective Introduction of New Distribution Channels in Retail Banking. *European Journal of Marketing, 35*(5 / 6), 661－686.

Mols, N. P., P. N. D. Bukh, & J. E. Nielsen(1999). Distribution Channel Strategies in Danish Retail Banking. *International Journal of Retail and Distribution Management, 27*(1), 37－47.

Moorman, C., & A. Miner(1997). The Impact of Organizational Memory on New Product Performance and Creativity. *Journal of Marketing Research, 34*(February), 91－106.

Narasimhan, Chakravarthi, & Ronald Wilcox(1998). Store Brands and the Channel Relationship: A Cross Category Analysis. *Journal of Business, 71*(4), 573－600.

Pitt, Leyland, Pierre Berthon, & Jean－Paul Berthon(1999). The Impact of the Internet on Distribution Strategy. *Business Horizons, 42*(2), 19－28.

Porter, M. E.(2001). Strategy and the Internet. *Havard Business Review, 79*(2), 63－78.

Premkumar, G., & M. Roberts(1999). Adoption of New Information Technologies in Rural Small Businesses, Omega. *International Journal of Management Science, 27*(4), 467−484.

Premkumar, G., K. Ramamurthy, & S. Nilakanta(1994), Implementation of Electronic Data Interchange: An−Innovation Diffusion Perspective. *Journal of Management Information Systems, 11*(2), 157−186.

Ramamurthy, K., & G. Premkumar(1995). Determinants and Outcomes of Electronic Data Interchange Diffusion. *IEEE Transaction on Engineering Management, 42*(4), 332−351.

Robertson, T., & H. Gatignon(1986). Competitive Effects on Technology Diffusion. *Journal of Marketing, 50*(3), 1−12.

Robinson, M., & R. Kalakota(2000). *e−Business 2.0.* New York Addison Wesley.

Rogers, E. M.(1983). *Diffusion of Innovations*, 3rd ed.. New York: Free Press.

Rogers, E. M.(1995). *Diffusion of Innovations.* 4rd ed., New York: Free Press.

Schumpeter, J. A.(1942). *Capitalism, Socialism, and Democracy.* New York, NY: Harper.

Staw, B. M.(1995). *Why No One Really Wants Creativity.* In Creative Action in Organizations: Ivory Tower Visions & Real World Voice, C. M. Ford, & D. A. Gioia(Eds.), 161−172, Thousand Caks, CA: Sage.

Swatman, P., & P. Swatman(1991). *Electronic Data Interchange: Organizational Opportunity, Not Technical Problem*, in Databases in the 1990's, Srinivasan, B. and Zeleznikow, J.(eds.), Singapore: World Scientific Press, 354−374.

Tabak, F., & S. H. Barr(1982). Adoption of Organization Innovations: Individual and Organizational Determinants. *Academy of Management Proceedings*.

Tan, M., & T. S. H. Teo(1998). Factors Influencing The Adoption of The Internet. *International Journal of Electronic Commerce, 2*(3), 5−18.

Teo T. S. H., & Bee Lian Too(2000). Information Systems Orientation and Business Use of the Internet: An Empirical Study. *International Journal of Electronic Commerce, 4*(4), 105−130.

Teo T. S. H., & M. Tan(1998). An Empirical Study of Adopters and Non−adopter of the Internet in Singapore. *Information and Management, 34*(6), 339−345.

Teo T. S. H., V. K. G. Lim, & R. Y. C. Lai(1999). Intrinsic and Extrinsic Motivation in Internet Usage. *Omega−International Journal of Management Science, 27*(1), 25−37.

Tornatzky, L. G., & M. Fleischer(1990). *The Processes of Technological Innovations*, Lexington, MA: Lexington Books.

Tornatzky, L. G., & K. Klein(1982). Innovation Characteristics and Innovation Adoption Implementation: A Meta Analysis of Findings. *IEEE Transactions on Engineering management, 29*(1), 28−45.

Yu, C. S.(2007). What Drives Enterprises to Trading via B2B E−marketplaces?. *Journal of Electronic Commerce Research, 8*(1), 84−100.

Van de Ven, A. H.(1993). *Managing the Process of Organizational Innovation.* In G. P. Huber and W. H. Glick(Eds.), Organizational Change and Redesign, New York, Oxford University Press.

Weiss, A. M., & E. Anderson(1992). Converting from Independent to Employee Sales Forces: The Role of Perceived Switching Costs. *Journal of Marketing Research, 29*(February), 101－115.

Weiss, A. M., & J. Heide(1993). The Nature of Organizational Search in High－Technology Markets. *Journal of Marketing Research, 30*(May), 220－233.

Weitz, Barton E., & Sandy D. Jap(1995). Relationship Marketing and Distribution Channels. *Journal of Marketing Science, 23*(4), 305－320.

West, M. A., & J. L. Farr(1990). *Innovation at Work.* in West, M. A. and J. L. Farr(eds.), Innovation and Creativity at Work: Psychological and Organizational Strategies. John Wiley & Sons, New York.

기 타

http://dnshop.daum.net
http://kr.yahoo.com
http://mall.shinsegae.com
http://www.afteru.co.kr
http://www.agabang.com

http://www.airwalkmall.co.kr

http://www.auction.co.kr

http://www.bstreet.co.kr

http://www.cjmall.com

http://www.daum.net

http://www.dnshop.com

http://www.empas.com

http://www.fashionpia.com

http://www.fashionplus.co.kr

http://www.fashionstory.co.kr

http://www.fbridge.co.kr

http://www.fila.co.kr

http://www.fnc.gov

http://www.giordano.co.kr

http://www.gmarket.co.kr

http://www.gseshop.co.kr

http://www.gsgm.co.kr

http://www.halfclub.com

http://www.headsport..co.kr

http://www.hmall.com

http://www.interpark.com

http://www.islandstyle.co.kr

http://www.izzatbabamall.co.kr

http://www.kamp.co.kr

http://www.k2day.co.kr

http://www.kolonsport.co.kr

http://www.kumkangmall.co.kr

http://www.lecoqmall.com

http://www.lgfashionshop.co.kr

http://www.lotte.com

http://www.metrixresearch.co.kr

http://www.mook.co.kr

http://www.naver.com

http://www.nii.co.kr

http://www.nso.go.kr

http://www.olzen.co.kr

http://www.parkland.co.kr

http://www.qua.co.kr

http://www.sddmall.co.kr

http://www.secretshop.co.kr

http://www.small.co.kr

http://www.songzio.com

http://www.ssamziemall.com

http://www.stylishlab.com

http://www.superiori.com

부 록 1: 패션 기업의 상품군별 분류

조사 대상	캐주얼의류전문브랜드 – 여성캐주얼전문, 남성캐주얼전문
	여성의류전문브랜드
	남성의류전문브랜드
조사 기준	2006 / 2007 한국패션브랜드 연감 참조

1. 여성캐주얼의류 전문브랜드

여성 캐주얼의류 전문브랜드를 분석한 결과, 전체 284개 중 영 캐릭터 캐주얼 69개(24.3%), 캐릭터 캐주얼 66개(23.2%), 커리어 캐주얼 62개(21.8%), 미시캐주얼 31개(10.9%), 영 캐릭터 캐주얼 16개(5.6%), TD 캐주얼 13개(4.6%), 캐릭터 커리어 캐주얼 10개(3.5%), 레포츠 캐주얼 8개(2.8%), 어덜트 캐주얼 7개(2.5%)였으며, 트렌디 캐주얼과 진캐주얼이 각각 1개(0.4%)였다(<그림 1> 참조).

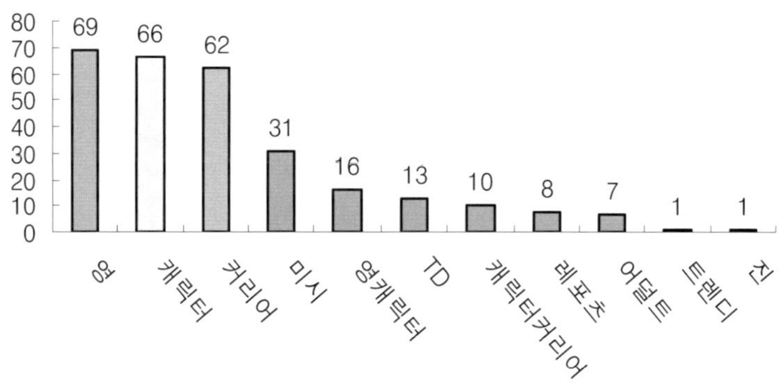

〈그림 1〉 여성캐주얼의류 전문브랜드 분석 결과

여성캐주얼의류 전문브랜드 리스트

한글브랜드	영문브랜드	회사명	복 종	조 닝	전개형태	도입연도
나이스	NICES	코리아나이스	여성캐주얼	미시캐주얼	내셔널브랜드	2001년
디알토	DIALTO	미세인	여성캐주얼	미시캐주얼	내셔널브랜드	2001년
레끌레르	RECLE－LER	가영케이 인터내셔널	여성캐주얼	미시캐주얼	내셔널브랜드	2006년
레떼	LETE	서화어패럴	여성캐주얼	미시캐주얼	내셔널브랜드	1983년
로오제	ROSEE	엘지패션	여성캐주얼	미시캐주얼	내셔널브랜드	1986년
로즈데일	ROSE DALE	설윤정 인터내셔날	여성캐주얼	미시캐주얼	내셔널브랜드	2002년
리드강	LEADKANG	주헌디자인	여성캐주얼	미시캐주얼	내셔널브랜드	1989년
리앙	LIANT	리앙	여성캐주얼	미시캐주얼	내셔널브랜드	2000년
마르퀴스	MARQIS	마르퀴스 에프앤디	여성캐주얼	미시캐주얼	내셔널브랜드	2002년
미고	MIGO	에스제이실업	여성캐주얼	미시캐주얼	내셔널브랜드	1999년
보티첼리	BOTTICELLI	진서	여성캐주얼	미시캐주얼	내셔널브랜드	1993년
세마	SHEMA	세마패션	여성캐주얼	미시캐주얼	내셔널브랜드	1997년
세아뜨	SEARTE	세명어패럴	여성캐주얼	미시캐주얼	내셔널브랜드	1978년

한글브랜드	영문브랜드	회사명	복 종	조 닝	전개형태	도입연도
소르디노	SORDINO	데이먼	여성캐주얼	미시캐주얼	내셔널브랜드	1999년
쉬크삼이사	CHIC 324	대광에프씨	여성캐주얼	미시캐주얼	내셔널브랜드	1998년
아도니제	ADONISER	세흥어패럴	여성캐주얼	미시캐주얼	내셔널브랜드	1999년
아레이	ALEI	성원어패럴	여성캐주얼	미시캐주얼	내셔널브랜드	1999년
아비뇽	AVIGNON	소고디자인	여성캐주얼	미시캐주얼	내셔널브랜드	1976년
앙또아네뜨	ANTTOINETTE	지에스트랜즈	여성캐주얼	미시캐주얼	내셔널브랜드	1986년
앤셔리	ANNSHIRLY	새롬어패럴	여성캐주얼	미시캐주얼	내셔널브랜드	2002년
오월의신부	BRIDE OF MAY	티에프디월드	여성캐주얼	미시캐주얼	내셔널브랜드	1992년
오일렛	OILLET	설윤정 인터내셔날	여성캐주얼	미시캐주얼	내셔널브랜드	1998년
올리비아 로렌	OLIVIA LAUREN	세정	여성캐주얼	미시캐주얼	내셔널브랜드	2005년 F / W
쥬디첼리	GUIDICELLI	쥬디첼리	여성캐주얼	미시캐주얼	내셔널브랜드	2001년
지보티첼리	G.BOTTICELLI	진서	여성캐주얼	미시캐주얼	내셔널브랜드	1997년
크리스하퍼	CHRIS HARPER	제이디어패럴	여성캐주얼	미시캐주얼	내셔널브랜드	1998년
파비안느	FABIANE	파비안느	여성캐주얼	미시캐주얼	내셔널브랜드	1986년
해브	HAVE	해브인터내셔날	여성캐주얼	미시캐주얼	내셔널브랜드	1999년
화이트호스	WHITE HORSE	성우물산	여성캐주얼	미시캐주얼	내셔널브랜드	1975년
엘르	ELLE	에프앤에프	여성캐주얼	미시캐주얼	라이센스브랜드	2006년
눈	NOUN	이온비스타	여성캐주얼	미시캐주얼	직수입브랜드	2005년
막스앤스펜서	MARKS & SPENCER	성주머천다이징	여성캐주얼	미시캐주얼	직수입브랜드	1997년
알도마틴스	ALDO MARTIN'S	이온비스타	여성캐주얼	미시캐주얼	직수입브랜드	2006년
잭필드	JACKFIELD	코리아홈쇼핑	여성캐주얼	어덜트캐주얼	내셔널브랜드	1999년
지센	ZISHEN	위비스	여성캐주얼	어덜트캐주얼	내셔널브랜드	2005년
테레지아	TERESIA	이랜드월드	여성캐주얼	어덜트캐주얼	내셔널브랜드	2006년
피에이티	PAT	피에이티	여성캐주얼	어덜트캐주얼	내셔널브랜드	1971년
발렌티노루디	VALENTINO RUDY	우진이십일	여성캐주얼	어덜트캐주얼	라이센스브랜드	2004년

한글브랜드	영문브랜드	회사명	복 종	조 닝	전개형태	도입연도
비버리힐스폴로클럽	BEVERLY HILS PORO CLUB	젠스타패션	여성캐주얼	어덜트캐주얼	라이센스브랜드	2004년
크로커다일레이디스	CROCODILE LADIES	형지어패럴	여성캐주얼	어덜트캐주얼	라이센스브랜드	1996년
간지	GANJI	간지	여성캐주얼	영캐릭터캐주얼	내셔널브랜드	1998년
나인식스뉴욕	NINE SIX NY	네티션닷컴	여성캐주얼	영캐릭터캐주얼	내셔널브랜드	1996년
보니페이	BONNYFAY	우진인터라인	여성캐주얼	영캐릭터캐주얼	내셔널브랜드	2005년
보브	VOV	신세계인터내셔날	여성캐주얼	영캐릭터캐주얼	내셔널브랜드	1997년
비엔엑스	BNX	아비스타	여성캐주얼	영캐릭터캐주얼	내셔널브랜드	2002년
비지트인뉴욕	VISIT IN NEW YORK	송하인터내셔날	여성캐주얼	영캐릭터캐주얼	내셔널브랜드	2003년
샤틴	SATIN	와이케이038	여성캐주얼	영캐릭터캐주얼	내셔널브랜드	2000년
에꼴드빠리	ECOLE DE PARIS	래만	여성캐주얼	영캐릭터캐주얼	내셔널브랜드	1990년
엑스크로모섬인엑스	X CHROMOS OMEIN X	데코	여성캐주얼	영캐릭터캐주얼	내셔널브랜드	1998년
올리브데올리브	OLIVE DES OLIVE	올리브데올리브	여성캐주얼	영캐릭터캐주얼	내셔널브랜드	2000년
지지피엑스	GGPX	연승어패럴	여성캐주얼	영캐릭터캐주얼	내셔널브랜드	2004년
코카롤리	CORCAROLI	코카롤리	여성캐주얼	영캐릭터캐주얼	내셔널브랜드	2004년
클럽코코아	CLUB COCOA	래만	여성캐주얼	영캐릭터캐주얼	내셔널브랜드	1990년
탱커스	TANKUS	아비스타	여성캐주얼	영캐릭터캐주얼	내셔널브랜드	2004년
플래퍼	THE FLAPPER	플래퍼코리아	여성캐주얼	영캐릭터캐주얼	내셔널브랜드	2006년
오즈세컨	O' 2ND	오브제	여성캐주얼	영캐릭터캐주얼	디자이너브랜드	1997년
꾸즈	COUPS	씨에스원	여성캐주얼	영캐주얼	내셔널브랜드	1994년
더데이	THE DAY	이랜드월드	여성캐주얼	영캐주얼	내셔널브랜드	1994년
더블유닷	DOUBLEUDOT	보끄레머천다이징	여성캐주얼	영캐주얼	내셔널브랜드	2004년
데스틸	DESTIJL	지에스티엘코퍼레이션	여성캐주얼	영캐주얼	내셔널브랜드	2006년
로렌	ROREN	코리아홈쇼핑	여성캐주얼	영캐주얼	내셔널브랜드	2004년

한글브랜드	영문브랜드	회사명	복 종	조 닝	전개형태	도입연도
로엠	ROEM	이랜드월드	여성캐주얼	영캐주얼	내셔널브랜드	1991년
로티니	LOTINI	서연어패럴	여성캐주얼	영캐주얼	내셔널브랜드	2002년
르샵	LESHOP	현우인터내셔널	여성캐주얼	영캐주얼	내셔널브랜드	2006년
리스트	LIST	인동어패럴	여성캐주얼	영캐주얼	내셔널브랜드	2003년
마이티지	MAITIJIE	비플랜인터내셔널	여성캐주얼	영캐주얼	내셔널브랜드	1999년
매긴나잇브 리지	MCGINN KNIGHTBRIDGE	아이올리	여성캐주얼	영캐주얼	내셔널브랜드	2004년
무니베이직	MUNI BASIC	지엠디코리아	여성캐주얼	영캐주얼	내셔널브랜드	2001년
무자크	MUZAK	용진	여성캐주얼	영캐주얼	내셔널브랜드	1998년
무후	MOO HOO	무후아이앤씨	여성캐주얼	영캐주얼	내셔널브랜드	2006년
미센스	MESENSE	미도컴퍼니	여성캐주얼	영캐주얼	내셔널브랜드	2002년
바닐라비	BANILA.B	에프앤에프	여성캐주얼	영캐주얼	내셔널브랜드	2001년
버스갤러리	BUSGALLERY	트리앤코	여성캐주얼	영캐주얼	내셔널브랜드	2005년
벤쉬	BANSHEE	벤쉬코리아	여성캐주얼	영캐주얼	내셔널브랜드	2006년
볼	VOLL	더베이직하우스	여성캐주얼	영캐주얼	내셔널브랜드	2006년
비키	VIKI	신원	여성캐주얼	영캐주얼	내셔널브랜드	1996년
사비	SAVIE	한독에프엔씨	여성캐주얼	영캐주얼	내셔널브랜드	2003년
샐리	SELLYS	티비에스트레이딩	여성캐주얼	영캐주얼	내셔널브랜드	2001년
수비	SUBI	에스앤비인터패션	여성캐주얼	영캐주얼	내셔널브랜드	2002년
숲	SOUP	동광인터내셔날	여성캐주얼	영캐주얼	내셔널브랜드	2000년
스위트숲	SWEET SOUP	동광인터내셔날	여성캐주얼	영캐주얼	내셔널브랜드	2005년
쌈지	SSAMZIE	쌈지	여성캐주얼	영캐주얼	내셔널브랜드	1997년
씨	SI	신원	여성캐주얼	영캐주얼	내셔널브랜드	1990년
씨씨클럽	CC-CLUB	대현	여성캐주얼	영캐주얼	내셔널브랜드	1990년
애녹	AENOC	정진물산	여성캐주얼	영캐주얼	내셔널브랜드	2005년
에이비에프지	ab.f.z	에스지위카스	여성캐주얼	영캐주얼	내셔널브랜드	1996년
에이씩스	A6	네티션닷컴	여성캐주얼	영캐주얼	내셔널브랜드	2000년
엔비엔코코	N.BY N COCO	제이앤제이어패럴	여성캐주얼	영캐주얼	내셔널브랜드	2005년
예스비	Ysb	나산실업	여성캐주얼	영캐주얼	내셔널브랜드	1996년
온앤온	ON & ON	보끄레머천다이징	여성캐주얼	영캐주얼	내셔널브랜드	1992년
유후	YOO' HOO	트라이송어패럴	여성캐주얼	영캐주얼	내셔널브랜드	1999년

한글브랜드	영문브랜드	회사명	복 종	조 닝	전개형태	도입연도
이슈	ISSUE	디케이글로벌	여성캐주얼	영캐주얼	내셔널브랜드	1996년
이엔씨	ENC	네티션닷컴	여성캐주얼	영캐주얼	내셔널브랜드	1992년
잼진	GEM JEAN	한화유통	여성캐주얼	영캐주얼	내셔널브랜드	1999년
제이앤비	JNB	태창플러스	여성캐주얼	영캐주얼	내셔널브랜드	2001년
주마	ZUMA	빌리지유통	여성캐주얼	영캐주얼	내셔널브랜드	2001년
주크	ZOOC	대현	여성캐주얼	영캐주얼	내셔널브랜드	1996년
칵테일	COCKTAIL	대현	여성캐주얼	영캐주얼	내셔널브랜드	2006년
케네스레이디	KENNES LADY	린컴퍼니	여성캐주얼	영캐주얼	내셔널브랜드	2006년
코데즈컴바인	CODES COMBINE	리더스피제이	여성캐주얼	영캐주얼	내셔널브랜드	2002년
쿠아	QUA	코오롱패션	여성캐주얼	영캐주얼	내셔널브랜드	2001년
톰보이	TOMBOY	톰보이	여성캐주얼	영캐주얼	내셔널브랜드	1977년
티뷰	T.VIEW	티뷰코리아	여성캐주얼	영캐주얼	내셔널브랜드	2006년
플라스틱아일랜드	PLASTIC ISLAND	아이올리	여성캐주얼	영캐주얼	내셔널브랜드	2006년
해즈잇	HAS.IT	에이앤에이치인터내셔널	여성캐주얼	영캐주얼	내셔널브랜드	2003년
허스트	HIRST	리더스피제이	여성캐주얼	영캐주얼	내셔널브랜드	2006년
흄	HUM	와이케이038	여성캐주얼	영캐주얼	내셔널브랜드	2003년
나이스크랍	NICE CLAUP	엔씨에프	여성캐주얼	영캐주얼	라이센스브랜드	1995년
나프나프	NAFNAF	국동	여성캐주얼	영캐주얼	라이센스브랜드	1996년
시슬리	SISLEY	베네통코리아	여성캐주얼	영캐주얼	라이센스브랜드	1992년
아날도바시니	ARNALDO BASSINI	아마넥스	여성캐주얼	영캐주얼	라이센스브랜드	1999년
에고이스트	EGOIST	아이올리	여성캐주얼	영캐주얼	라이센스브랜드	2001년
엘르스포츠	ELLE SPORTS	에프앤에프	여성캐주얼	영캐주얼	라이센스브랜드	1996년
클럽모나코	CLUB MONACO	오브제	여성캐주얼	영캐주얼	라이센스브랜드	2006년
타스타스	TASSE TASSE	롯데쇼핑	여성캐주얼	영캐주얼	라이센스브랜드	2002년
망고	MNG	브랜디드라이프스타일코리아	여성캐주얼	영캐주얼	직수입브랜드	2000년
모르간	MORGAN	나산	여성캐주얼	영캐주얼	직수입브랜드	2002년

한글브랜드	영문브랜드	회사명	복 종	조 닝	전개형태	도입연도
쇼룸	SHOWROOM	부래당	여성캐주얼	영캐주얼	직수입브랜드	2004년
스티븐알란걸	STEVEN ALAN GIRL	한화유통	여성캐주얼	영캐주얼	직수입브랜드	2006년
워먼시크릿	WOMEN' SECRET	제이케이파트너즈아이엔씨	여성캐주얼	영캐주얼	직수입브랜드	2005년
쿠카이	KOOKAI	덕산티디씨	여성캐주얼	영캐주얼	직수입브랜드	1992년
핫키스	HOT KISS	화성산업 동아백화점	여성캐주얼	영캐주얼	직수입브랜드	2004년
로즈블릿	ROSEBULLET	온워드카시야마코리아	여성캐주얼	영캐주얼	직진출브랜드	2005년
스테파넬	STEFANEL	에스에프케이	여성캐주얼	영캐주얼	직진출브랜드	1989년
스톤진	STONE JEANS	스톤진	여성캐주얼	진캐주얼	내셔널브랜드	1997년
데코	DECO	데코	여성캐주얼	캐릭터캐주얼	내셔널브랜드	1980년
도호	DOHO	혜공	여성캐주얼	캐릭터캐주얼	내셔널브랜드	1998년
디아	DIA	데코	여성캐주얼	캐릭터캐주얼	내셔널브랜드	2005년
라인	LINE	라인바이린	여성캐주얼	캐릭터캐주얼	내셔널브랜드	1998년
레니본	RENEEVON	아이디룩	여성캐주얼	캐릭터캐주얼	내셔널브랜드	2000년
레이크그로브	LAKEGROVE	아이디룩	여성캐주얼	캐릭터캐주얼	내셔널브랜드	2006년
리안뉴욕	RYAN NEWYORK	이니플래닝	여성캐주얼	캐릭터캐주얼	내셔널브랜드	2002년
린	LYNN	린컴퍼니	여성캐주얼	캐릭터캐주얼	내셔널브랜드	1998년
마인	MINE	한섬	여성캐주얼	캐릭터캐주얼	내셔널브랜드	1988년
머스트비	MUST-BE	동의실업	여성캐주얼	캐릭터캐주얼	내셔널브랜드	1994년
메시지	MESSAGE	필메세지	여성캐주얼	캐릭터캐주얼	내셔널브랜드	2002년
모조에스핀	MOJO S. PHINE	대현	여성캐주얼	캐릭터캐주얼	내셔널브랜드	1998년
미니멈	MINIMUM	정호코리아	여성캐주얼	캐릭터캐주얼	내셔널브랜드	1998년
미샤	MICHAA	미샤	여성캐주얼	캐릭터캐주얼	내셔널브랜드	1995년
밀라노스토리	MILANO STORY	현대에이치앤에스	여성캐주얼	캐릭터캐주얼	내셔널브랜드	1998년
발렌시아	VALENCIA	프리젠트	여성캐주얼	캐릭터캐주얼	내셔널브랜드	1998년

한글브랜드	영문브랜드	회사명	복 종	조 닝	전개형태	도입연도
보티첼리쿠투어	BOTTICELLI COUTURE	진서	여성캐주얼	캐릭터캐주얼	내셔널브랜드	2001년
봄빅스엠무어	BOMBYXM MOORE	쿠도스타일	여성캐주얼	캐릭터캐주얼	내셔널브랜드	2004년
블루레이스	BLUREISS	비유온	여성캐수얼	캐릭터캐수얼	내셔널브랜드	2005년
블룸스버리	BLOOMSBURY	우진인터라인	여성캐주얼	캐릭터캐주얼	내셔널브랜드	2002년
비아트	BE-ART	에스콰이아	여성캐주얼	캐릭터캐주얼	내셔널브랜드	1988년
시스템	SYSTEM	한섬	여성캐주얼	캐릭터캐주얼	내셔널브랜드	1990년
아나카프리	ANA CAPRI	데코	여성캐주얼	캐릭터캐주얼	내셔널브랜드	1991년
아니베에프	ANIVEE. F	아니베에프	여성캐주얼	캐릭터캐주얼	내셔널브랜드	1993년
아니스	ANIS	에이엔아이에스	여성캐주얼	캐릭터캐주얼	내셔널브랜드	2003년
아르테	ARTE	아르테인터내셔날	여성캐주얼	캐릭터캐주얼	내셔널브랜드	1995년
에스제이	SJSJ	한섬	여성캐주얼	캐릭터캐주얼	내셔널브랜드	1997년
에씨엔씨	ACNC	보산통상	여성캐주얼	캐릭터캐주얼	내셔널브랜드	1998년
엘페	ELFEE	진도F&	여성캐주얼	캐릭터캐주얼	내셔널브랜드	2004년
예츠	YETT' S	나산	여성캐주얼	캐릭터캐주얼	내셔널브랜드	1994년
와이케이038	YK038	와이케이038	여성캐주얼	캐릭터캐주얼	내셔널브랜드	1996년
윈	UNE	윈컴퍼니	여성캐주얼	캐릭터캐주얼	내셔널브랜드	1993년
유팜므	EUFEMMES	질소	여성캐주얼	캐릭터캐주얼	내셔널브랜드	2002년
이닌	ININNN	유화	여성캐주얼	캐릭터캐주얼	내셔널브랜드	1998년
인터플로우	INTER FLOW	효원어패럴	여성캐주얼	캐릭터캐주얼	내셔널브랜드	1994년
잇미샤	IT MICHAA	미샤	여성캐주얼	캐릭터캐주얼	내셔널브랜드	2002년
쟈스킨	ZASKIN	거연인터내셔널	여성캐주얼	캐릭터캐주얼	내셔널브랜드	1999년
제시뉴욕	JESSI NEW YORK	제시앤코	여성캐주얼	캐릭터캐주얼	내셔널브랜드	1998년
지고트	JIGOTT	바바패션	여성캐주얼	캐릭터캐주얼	내셔널브랜드	2000년
칼라드림	COLOR DE LIM	이고	여성캐주얼	캐릭터캐주얼	내셔널브랜드	2005년
타임	TIME	한섬	여성캐주얼	캐릭터캐주얼	내셔널브랜드	1993년
텔레그라프	TELEGRAPH	데코	여성캐주얼	캐릭터캐주얼	내셔널브랜드	1987년
티니위니	TEENIE WEENIE	이랜드	여성캐주얼	캐릭터캐주얼	내셔널브랜드	1998년

한글브랜드	영문브랜드	회사명	복 종	조 닝	전개형태	도입연도
프로그램	PROGRAM	삼성어패럴	여성캐주얼	캐릭터캐주얼	내셔널브랜드	1990년
혁비	HYUK－BEE	거연인터내셔널	여성캐주얼	캐릭터캐주얼	내셔널브랜드	2001년
노승은	NO SEUNG EUN	진태옥	여성캐주얼	캐릭터캐주얼	디자이너브랜드	1999년
도 현 앤바 부 도쿄	DOHYUN & BABOOTOKYO	니오물산	여성캐주얼	캐릭터캐주얼	디자이너브랜드	2000년
미선박	MISSEON PARK	엠에스박	여성캐주얼	캐릭터캐주얼	디자이너브랜드	1994년
스위트리벤지	SWEET REVENGE	이안유나이티드	여성캐주얼	캐릭터캐주얼	디자이너브랜드	2001년
엔주반	ENZUVAN	엔주반	여성캐주얼	캐릭터캐주얼	디자이너브랜드	1999년
오브제	OBZEE	오브제	여성캐주얼	캐릭터캐주얼	디자이너브랜드	1994년
옵쎄르	OBSSER	옵쎄르	여성캐주얼	캐릭터캐주얼	디자이너브랜드	1994년
와이앤케이	Y & KEI WATER THE EARTH	오브제	여성캐주얼	캐릭터캐주얼	디자이너브랜드	2001년
이제이리	E.J.LEE	삼우	여성캐주얼	캐릭터캐주얼	디자이너브랜드	2000년
기비	GIVY	아이디룩	여성캐주얼	캐릭터캐주얼	라이센스브랜드	1988년
레노마	RENOMA	에프씨엘	여성캐주얼	캐릭터캐주얼	라이센스브랜드	1996년
베네통	BENETTON	베네통코리아	여성캐주얼	캐릭터캐주얼	라이센스브랜드	1965년
베티붑	BETTY－BOOP	상록어패럴	여성캐주얼	캐릭터캐주얼	라이센스브랜드	1998년
질스튜어트	JILLSTUART	인터웨이브	여성캐주얼	캐릭터캐주얼	라이센스브랜드	2006년
해피앤코	HAPPYNCO	엔코글로벌	여성캐주얼	캐릭터캐주얼	라이센스브랜드	2001년
꼼뜨와 데 꼬또니에	COMPTOIR DES COTONNIERS	현대백화점	여성캐주얼	캐릭터캐주얼	직수입브랜드	2005년
바네사브루노	VANESSABRUNO	인터웨이브	여성캐주얼	캐릭터캐주얼	직수입브랜드	2003년
씨 케 이 캘 빈 클라인	CK CALVIN KLEIN	비펀트레이딩	여성캐주얼	캐릭터캐주얼	직수입브랜드	2002년
에부	ETVOUS	패션네트	여성캐주얼	캐릭터캐주얼	직수입브랜드	2006년
쿠스토바르셀로나	CUSTO BARCELONA	정하실업	여성캐주얼	캐릭터캐주얼	직수입브랜드	2003년
타라자몽	TARA JARMON	정하실업	여성캐주얼	캐릭터캐주얼	직수입브랜드	2005년

한글브랜드	영문브랜드	회사명	복 종	조 닝	전개형태	도입연도
구호	KUHO	제일모직	여성캐주얼	캐릭터커리어캐주얼	내셔널브랜드	2000년
르앤	RU:EN	땀앤컴	여성캐주얼	캐릭터커리어캐주얼	내셔널브랜드	2005년
쉬즈미스	SHE'S MISS	인동어패럴	여성캐주얼	캐릭터커리어캐주얼	내셔널브랜드	1997년
파지오	FAZIO	씨엔아이패션시스템	여성캐주얼	캐릭터커리어캐주얼	내셔널브랜드	2001년
데무	DEMOO	데무	여성캐주얼	캐릭터커리어캐주얼	디자이너브랜드	1987년
미꼬마꼬	MIC MAC	동일레나운	여성캐주얼	캐릭터커리어캐주얼	라이센스브랜드	1989년
에이케이앤클라인	AK ANNE KLEIN	성창인터패션	여성캐주얼	캐릭터커리어캐주얼	라이센스브랜드	2005년
뉴요커레이디스	NEWYORKER LADIES	빌트모아	여성캐주얼	캐릭터커리어캐주얼	직수입브랜드	2006년
띠오리	THEORY	띠오리코리아	여성캐주얼	캐릭터커리어캐주얼	직수입브랜드	2004년
에밀리오까발리니	EMILIO CAVALLNI	누트웨어	여성캐주얼	캐릭터커리어캐주얼	직수입브랜드	2004년
까뜨리네뜨	CATRINET	서광	여성캐주얼	커리어캐주얼	내셔널브랜드	1983년
꼼빠니아	COMPAGNA	나산	여성캐주얼	커리어캐주얼	내셔널브랜드	1989년
끌레몽뜨	CLAMONT	끌레몽뜨	여성캐주얼	커리어캐주얼	내셔널브랜드	1996년
데마크라쎄	DEMACRASSE	다올퍼	여성캐주얼	커리어캐주얼	내셔널브랜드	2005년
데미안	DEMIAN	데미안	여성캐주얼	커리어캐주얼	내셔널브랜드	1975년
랑시	LANCY FROM 25	모가산업	여성캐주얼	커리어캐주얼	내셔널브랜드	1987년
레쥬메	RESUME	한일합섬	여성캐주얼	커리어캐주얼	내셔널브랜드	1990년
루체나	LUCENA	대솔인터내셔날	여성캐주얼	커리어캐주얼	내셔널브랜드	2003년
리우베	REUVE	경원와이엠씨	여성캐주얼	커리어캐주얼	내셔널브랜드	1999년
마르조	MARZO	코리아홈쇼핑	여성캐주얼	커리어캐주얼	내셔널브랜드	1999년
베스띠벨리	BESTI BELLI	신원	여성캐주얼	커리어캐주얼	내셔널브랜드	1990년
벨라디터치	VELARDI TOUCH	한림어패럴	여성캐주얼	커리어캐주얼	내셔널브랜드	1996년

한글브랜드	영문브랜드	회사명	복 종	조 닝	전개형태	도입연도
블루페페	BLU:PEPE	대현	여성캐주얼	커리어캐주얼	내셔널브랜드	1999년
비앤비	B & B	비앤비인터내셔날	여성캐주얼	커리어캐주얼	내셔널브랜드	1999년
쁘렝땅	PRENDANG	부래당	여성캐주얼	커리어캐주얼	내셔널브랜드	1979년
사라제이	SARA−J	사라제이	여성캐주얼	커리어캐주얼	내셔널브랜드	2002년
샤트렌	CHATELAINE	샤트렌	여성캐주얼	커리어캐주얼	내셔널브랜드	2006년
솔로이스트	SOLOIST	솔로이트	여성캐주얼	커리어캐주얼	내셔널브랜드	2001년
신시아	CYNTHIA	빌리지유통	여성캐주얼	커리어캐주얼	내셔널브랜드	1988년
쏘미	SOME	대솔인터내셔날	여성캐주얼	커리어캐주얼	내셔널브랜드	1998년
아라모드	ALAMODE	유화	여성캐주얼	커리어캐주얼	내셔널브랜드	1981년
아이잗바바	IZZAT BABA	바바패션	여성캐주얼	커리어캐주얼	내셔널브랜드	1998년
안지크	ANSICH	리드마크	여성캐주얼	커리어캐주얼	내셔널브랜드	1982년
앙페르	ANPERE	서동어패럴	여성캐주얼	커리어캐주얼	내셔널브랜드	1983년
앳마크	AT−MARK	유이지	여성캐주얼	커리어캐주얼	내셔널브랜드	1998년
에이밀란	A.MILAN	아농스	여성캐주얼	커리어캐주얼	내셔널브랜드	1989년
에프스테이션	F' STATION	에이제이엔터프라이즈	여성캐주얼	커리어캐주얼	내셔널브랜드	2002년
엘가	ELGAR	지우인터내셔널	여성캐주얼	커리어캐주얼	내셔널브랜드	1992년
엘렌엘	L & L	마담포라	여성캐주얼	커리어캐주얼	내셔널브랜드	2002년
엠씨	EMCEE	인원어패럴	여성캐주얼	커리어캐주얼	내셔널브랜드	1993년
오부시	OBUSI	우진트랜드	여성캐주얼	커리어캐주얼	내셔널브랜드	1997년
오츠	OATS	행동하는사람들	여성캐주얼	커리어캐주얼	내셔널브랜드	1995년
올란도	ORLANDO	올란도	여성캐주얼	커리어캐주얼	내셔널브랜드	1995년
와나비	WANNA.B	나눔	여성캐주얼	커리어캐주얼	내셔널브랜드	2001년
요하넥스	JOHANEX	세미어패럴	여성캐주얼	커리어캐주얼	내셔널브랜드	1985년
이뎀	IDEM	아이디이엠	여성캐주얼	커리어캐주얼	내셔널브랜드	2001년
이세트뉴욕	ESSET NEW YORK	제이케이에프인터내셔날	여성캐주얼	커리어캐주얼	내셔널브랜드	2006년
인베스트	INVEST	신우포스	여성캐주얼	커리어캐주얼	내셔널브랜드	2006년
인비보	INVIVO	창화인터내셔날	여성캐주얼	커리어캐주얼	내셔널브랜드	1999년
조이너스	JOINUS	나산	여성캐주얼	커리어캐주얼	내셔널브랜드	1983년
카렌루치	KAREN RUCHI	씨엔케이아이엔씨	여성캐주얼	커리어캐주얼	내셔널브랜드	2006년

한글브랜드	영문브랜드	회사명	복 종	조 닝	전개형태	도입연도
칼리아쏠레지아	CALLIA SOLEZIA	신신물산	여성캐주얼	커리어캐주얼	내셔널브랜드	1997년
캐리스노트	CARRIES NOTE	에모다	여성캐주얼	커리어캐주얼	내셔널브랜드	1998년
크레송	CRESSON	크레송	여성캐주얼	커리어캐주얼	내셔널브랜드	1982년
투미	2ME	이랜드월드	여성캐주얼	커리어캐주얼	내셔널브랜드	1997년
트리아나	TRIANA	소고디자인	여성캐주얼	커리어캐주얼	내셔널브랜드	1985년
파르코	PARKO	행동하는사람들	여성캐주얼	커리어캐주얼	내셔널브랜드	1985년
프렐린	PRELIN	파크랜드	여성캐주얼	커리어캐주얼	내셔널브랜드	2005년
프롬지안	FORMZINN	진성콜렉션	여성캐주얼	커리어캐주얼	내셔널브랜드	1999년
헤이린	HAYLYNN	리드마크	여성캐주얼	커리어캐주얼	내셔널브랜드	2006년
헬레나캐시미어	HELENA CASHMERE	헬리나캐시미어	여성캐주얼	커리어캐주얼	내셔널브랜드	2001년
후라밍고	FLAMINGO	구미인터내셔날	여성캐주얼	커리어캐주얼	내셔널브랜드	1981년
파올라	PAOLA	용경실업	여성캐주얼	커리어캐주얼	디자이너브랜드	1998년
마리끌레르	MARIECLAIRE	패션네트	여성캐주얼	커리어캐주얼	디자이너브랜드	1994년
앤클라인뉴욕	ANNE KLEIN NEW YORK	성창인터패션	여성캐주얼	커리어캐주얼	라이센스브랜드	2002년
피에르가르뎅	PIERRE CARDIN	재영실업	여성캐주얼	커리어캐주얼	라이센스브랜드	1989년
마리아니	MARIANI	팬원	여성캐주얼	커리어캐주얼	직수입브랜드	1993년
브룬스바자	BRUUNS BAZAAR	이온비스타	여성캐주얼	커리어캐주얼	직수입브랜드	2006년
제라르다렐	GERARD DAREL	롯데쇼핑	여성캐주얼	커리어캐주얼	직수입브랜드	2005년
츠모리치사토	TSUMORI CHISATO	얼빙플레이스	여성캐주얼	커리어캐주얼	직수입브랜드	2003년
아이씨비	ICB	온워드카시야마코리아	여성캐주얼	커리어캐주얼	직진출브랜드	1997년
막셀린	MARCELLINE	엠지글로벌	여성캐주얼	트렌디캐주얼	내셔널브랜드	2006년
비꼴리끄	BUCOLIQUE	신형물산	여성캐주얼	TD캐주얼	내셔널브랜드	1991년
비씨비지	BCBG	수인터내셔날	여성캐주얼	TD캐주얼	내셔널브랜드	1989년
빈폴레이디스	BEAN POLE LADIES	제일모직	여성캐주얼	TD캐주얼	내셔널브랜드	2001년

한글브랜드	영문브랜드	회사명	복 종	조 닝	전개형태	도입연도
앤디스클라인	ANDIS KLEIN	성다비다	여성캐주얼	TD캐주얼	내셔널브랜드	2001년
올젠	OLZEN	신성통상	여성캐주얼	TD캐주얼	내셔널브랜드	1994년
제이폴락	J.POLACK	코오롱패션	여성캐주얼	TD캐주얼	내셔널브랜드	2004년
조앤트레이시	JOE & TRACY	에프제이티통상	여성캐주얼	TD캐주얼	내셔널브랜드	2005년
헌트	NEW HUNT	이랜드	여성캐주얼	TD캐주얼	내셔널브랜드	1989년
헤지스레이디스	HAZZYS LADIES	엘지패션	여성캐주얼	TD캐주얼	내셔널브랜드	2005년
라코스떼	LACOSTE	동일드방레	여성캐주얼	TD캐주얼	라이센스브랜드	2000년
랄프로렌블루라벨	RALPH LAUREN BLUE LABEL	두산의류BG	여성캐주얼	TD캐주얼	라이센스브랜드	2000년
키이스	KEITH	아이디룩	여성캐주얼	TD캐주얼	라이센스브랜드	1991년
타미힐피거	TOMMY HILFIGER	에스케이네트웍스	여성캐주얼	TD캐주얼	직수입브랜드	2004년
가피	GAFFY	가피	여성복	레포츠캐주얼	내셔널브랜드	1992년
도진환	DOJINHWAN	도진환컬렉션	여성복	레포츠캐주얼	내셔널브랜드	1991년
디아프레	DIAPRER	디아프레	여성복	레포츠캐주얼	내셔널브랜드	1995년
베로나	VERONA	베로나	여성복	레포츠캐주얼	내셔널브랜드	1990년
뻬띠앙뜨	PETILLANTE	뻬띠앙뜨	여성복	레포츠캐주얼	내셔널브랜드	1982년
세니스	CENISS	나래패션	여성복	레포츠캐주얼	내셔널브랜드	1997년
스포르띠바	SPORTIVA	가나레포츠	여성복	레포츠캐주얼	내셔널브랜드	1994년
이지엔느	EASIENNE	패션네트	여성복	레포츠캐주얼	내셔널브랜드	1997년

2. 남성캐주얼의류 전문브랜드

남성 캐주얼의류 전문브랜드를 분석한 결과, 전체 89개 중 캐릭터 캐주얼 42개(47.2%), 타운 캐주얼 27개(30.3%), TD 캐주얼 19개(21.4%),

어덜트 캐주얼 1개(1.1%)였다(<그림 2> 참조).

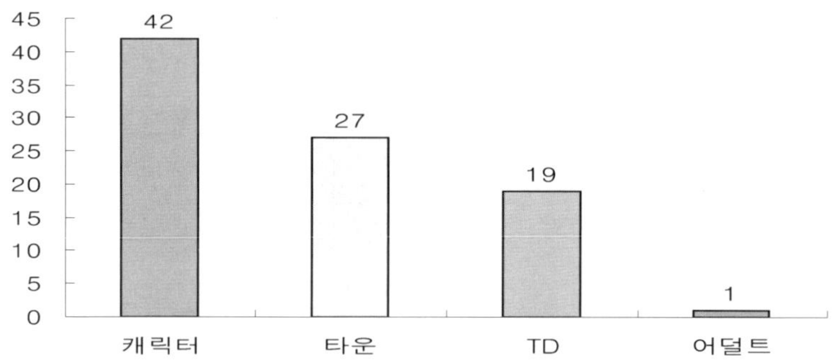

〈그림 2〉 남성캐주얼의류 전문브랜드 분석 결과

남성캐주얼의류 전문브랜드 리스트

한글브랜드	영문브랜드	회사명	복 종	조 닝	전개형태	도입연도
발렌티노루디	VALENTINO RUDY	우진이십일	남성복	어덜트캐주얼	라이센스브랜드	2004년
굿럭	GOOD LUCK	굿럭	남성복	캐릭터캐주얼	내셔널브랜드	1998년
래장드옴므	LEGENDE HOMME	선워드코리아	남성복	캐릭터캐주얼	내셔널브랜드	2005년
레드옥스	REDOX	민영물산	남성복	캐릭터캐주얼	내셔널브랜드	1987년
루이스	LUIS	루이스	남성복	캐릭터캐주얼	내셔널브랜드	1998년
루이체	DE LOUICE	루이체	남성복	캐릭터캐주얼	내셔널브랜드	1999년
본	BON	우성아이앤씨	남성복	캐릭터캐주얼	내셔널브랜드	2005년
선워드	SUN WARD	선워드코리아	남성복	캐릭터캐주얼	내셔널브랜드	1969년
안드레아바냐	ANDREA VANGNA	브랜드팜	남성복	캐릭터캐주얼	내셔널브랜드	2004년
어스앤댐	US AND THEM	더휴컴퍼니	남성복	캐릭터캐주얼	내셔널브랜드	2006년

한글브랜드	영문브랜드	회사명	복 종	조 닝	전개형태	도입연도
에스콰이아 옴므	ESQUIRE HOMME	에스콰이아	남성복	캐릭터캐주얼	내셔널브랜드	2005년
엠비오	M.VIO	제일모직	남성복	캐릭터캐주얼	내셔널브랜드	1996년
워모	L' UOMO	크레송	남성복	캐릭터캐주얼	내셔널브랜드	1982년
제스더애티튜드	XESS THE ATTITUDE	제스인터내셔널	남성복	캐릭터캐주얼	내셔널브랜드	1998년
제스퍼	JASPER	디에이치코프	남성복	캐릭터캐주얼	내셔널브랜드	2005년
젠지옴므	GENGY HOMME	젠지옴므	남성복	캐릭터캐주얼	내셔널브랜드	1999년
종수컬렉션	JONG SU COLLECTION	종수컬렉션	남성복	캐릭터캐주얼	내셔널브랜드	1997년
지오지아	ZIOZIA	신성통상	남성복	캐릭터캐주얼	내셔널브랜드	1995년
지이크	SIEG	신원	남성복	캐릭터캐주얼	내셔널브랜드	1995년
지쿤	GCU:N	젠지옴므	남성복	캐릭터캐주얼	내셔널브랜드	1999년
코데즈컴바인	CODES COMBINE	리더스피제이	남성복	캐릭터캐주얼	내셔널브랜드	2005년
코모도	COMODO	톰보이	남성복	캐릭터캐주얼	내셔널브랜드	1986년
타임옴므	TIME HOMME	한섬	남성복	캐릭터캐주얼	내셔널브랜드	2000년
박항치비스사나이	BAKANGCHI BIS SANAI	박항치비스사나이	남성복	캐릭터캐주얼	디자이너브랜드	1998년
버디옴므	BUDDY HOMME	버디옴므	남성복	캐릭터캐주얼	디자이너브랜드	2006년
솔리드옴므	SOLID HOMME	솔리드	남성복	캐릭터캐주얼	디자이너브랜드	1988년
송지오옴므	SONGZIO HOMME	송지오옴므	남성복	캐릭터캐주얼	디자이너브랜드	1999년
쉬퐁	CHIFFONS	쉬퐁	남성복	캐릭터캐주얼	디자이너브랜드	1988년
스위트리벤지	SWEET REVENGE	이안유나이티드	남성복	캐릭터캐주얼	디자이너브랜드	2001년
옴브루노	HOMBRUNO	지로디자인	남성복	캐릭터캐주얼	디자이너브랜드	1989년
지오송지오	ZIO SONGZIO	파스토조	남성복	캐릭터캐주얼	디자이너브랜드	2004년
레노마	RENOMA	유로물산	남성복	캐릭터캐주얼	라이센스브랜드	1993년

한글브랜드	영문브랜드	회사명	복 종	조 닝	전개형태	도입연도
미치코런던 코시노	MICHKO LONDON KOSHINO	건양로파스	남성복	캐릭터캐주얼	라이센스브랜드	2005년
씨피컴퍼니	CP COMPANY	에프지에프	남성복	캐릭터캐주얼	라이센스브랜드	1996년
엘르옴므	ELLE HOMME	씨니에스컴퍼니	남성복	캐릭터캐주얼	라이센스브랜드	2007년
인터메조	INTERMEZZO	에프지에프	남성복	캐릭터캐주얼	라이센스브랜드	1986년
조르지오페리	GIORGIO FERRI	대명어패럴	남성복	캐릭터캐주얼	라이센스브랜드	2006년
킨록투	KINLOCH2	원풍물산	남성복	캐릭터캐주얼	라이센스브랜드	2002년
파코라반캐주얼	PACORABANNE CASUAL	미도	남성복	캐릭터캐주얼	라이센스브랜드	1994년
말보로클래식	MARLBORO CLASSICS	유나이티드커넥션	남성복	캐릭터캐주얼	직수입브랜드	2005년
매스티지밀라노	MASSTIGE MILANO	영호	남성복	캐릭터캐주얼	직수입브랜드	2005년
씨케이캘빈클라인	CK CALVIN KLEIN	비펀트레이딩	남성복	캐릭터캐주얼	직수입브랜드	2002년
케네스콜	KENNETH COLE	제일모직	남성복	캐릭터캐주얼	직수입브랜드	2002년
갤럭시캐주얼	GALAXY CASUAL	제일모직	남성복	타운캐주얼	내셔널브랜드	1983년
디바인햇	DIVINE HAT	세정	남성복	타운캐주얼	내셔널브랜드	2002년
레드씨저	RED CAESARS	동양에프씨	남성복	타운캐주얼	내셔널브랜드	1996년
로가디스 그린라벨	ROGATIS GREEN	제일모직	남성복	타운캐주얼	내셔널브랜드	2002년
리치우드	RICHWOOD	제이원어패럴	남성복	타운캐주얼	내셔널브랜드	1989년
마에스트로 캐주얼	MAESTRO CASUAL	엘지패션	남성복	타운캐주얼	내셔널브랜드	1986년
맨스타캐주얼	MANSTAR CASUAL	코오롱패션	남성복	타운캐주얼	내셔널브랜드	1983년
미켈란젤로 캐주얼	MICHELANGELO CASUAL	미켈란젤로	남성복	타운캐주얼	내셔널브랜드	1997년
베스파	BESFA	세정	남성복	타운캐주얼	내셔널브랜드	1998년

한글브랜드	영문브랜드	회사명	복 종	조 닝	전개형태	도입연도
쁘리메로	PRIMERO	세정	남성복	타운캐주얼	내셔널브랜드	2001년
세르지오	SERGIUS	세르지오	남성복	타운캐주얼	내셔널브랜드	2002년
쉬메릭	CHIEMERIC	대성어패럴	남성복	타운캐주얼	내셔널브랜드	1998년
씨저스	CAESARS	동양에프씨	남성복	타운캐주얼	내셔널브랜드	1996년
올포유	ALLFORYOU	한성에프아이	남성복	타운캐주얼	내셔널브랜드	1999년
윈디클럽	WINDY CLUB	한일합섬	남성복	타운캐주얼	내셔널브랜드	1984년
인디안	INDIAN	세정	남성복	타운캐주얼	내셔널브랜드	1974년
잭필드	JACKFIELD	코리아홈쇼핑	남성복	타운캐주얼	내셔널브랜드	1999년
질리비체	GILLI BICE	티에스에이콜렉션	남성복	타운캐주얼	내셔널브랜드	1998년
캐스팅	CASTING	슈페리어	남성복	타운캐주얼	내셔널브랜드	2002년
캠브리지맴버스캐주얼	CAMBRIDGE MEMBERS CASUAL	캠브리지	남성복	타운캐주얼	내셔널브랜드	2004년
필모아	FIL MORE	필모아콜렉션	남성복	타운캐주얼	내셔널브랜드	1998년
한독	HANDOCK	한독에프엔씨	남성복	타운캐주얼	내셔널브랜드	2002년
기라로쉬	GUY LAROCHE	패션바라	남성복	타운캐주얼	라이센스브랜드	2005년
비버리힐스폴로클럽	BEVERLY HILLS POLO CLUB	젠스타패션	남성복	타운캐주얼	라이센스브랜드	2004년
카운테스마라캐주얼	COUNTESS MARA CASUAL	슈페리어	남성복	타운캐주얼	라이센스브랜드	1984년
크로커다일	CROCODILE	던필드	남성복	타운캐주얼	라이센스브랜드	1994년
피에르가르뎅	PIERRE CARDIN	국동	남성복	타운캐주얼	라이센스브랜드	1983년
까페르도니	CAPERDONI	선진기획	남성복	TD캐주얼	내셔널브랜드	1990년
뉴헌트	NEW HUNT	이랜드	남성복	TD캐주얼	내셔널브랜드	1989년
런딕	LONDIC	세정	남성복	TD캐주얼	내셔널브랜드	2000년
빈폴	BEAN POLE	제일모직	남성복	TD캐주얼	내셔널브랜드	1989년
안트벨트	ANDWELT	에프엔씨코오롱	남성복	TD캐주얼	내셔널브랜드	2004년
올젠	OLZEN	신성통상	남성복	TD캐주얼	내셔널브랜드	1994년
제이폴락	J.POLACK	코오롱패션	남성복	TD캐주얼	내셔널브랜드	2004년

한글브랜드	영문브랜드	회사명	복 종	조 닝	전개형태	도입연도
조앤트레이시	JOE & TRACY	제이티통상	남성복	TD캐주얼	내셔널브랜드	2005년
프라이언	FRION	굿컴퍼니	남성복	TD캐주얼	내셔널브랜드	2005년
해즈잇	HAS.IT	알앤에이치인터내셔널	남성복	TD캐주얼	내셔널브랜드	2003년
헤지스	HAZZYS	엘지패션	남성복	TD캐주얼	내셔널브랜드	2000년
까르뜨블랑슈	CARTE BLANCHE	동일레나운	남성복	TD캐주얼	라이센스브랜드	1989년
노티카	NAUTICA	영창실업	남성복	TD캐주얼	라이센스브랜드	1992년
라일앤스코트	LYLE & SCOTT	메트로프로덕트	남성복	TD캐주얼	라이센스브랜드	1988년
라코스떼	LACOSTE	동일드방레	남성복	TD캐주얼	라이센스브랜드	2000년
페리엘리스	PERRY ELLIS	슈페리어	남성복	TD캐주얼	라이센스브랜드	2000년
헨리코튼	HENRY COTTON'S	에프엔씨코오롱	남성복	TD캐주얼	라이센스브랜드	1996년
타미힐피거	TOMMY HILFIGER	에스케이네트웍스	남성복	TD캐주얼	직수입브랜드	2003년
폴로랄프로렌	POLO RALPHLAUREN	두산의류BG	남성복	TD캐주얼	직수입브랜드	1986년

3. 여성의류 전문브랜드

여성의류 전문브랜드를 분석한 결과, 전체 142개 중 디자이너 부띠끄가 76개(53.5%)로 가장 많았고, 마담 정장 36개(25.4%), 타운웨어 23개(16.2%), 여성 캐릭터 정장과 캐릭터·커리어 정장, 커리어 캐주얼 정장이 각각 2개(1.4%)씩, 그리고 디자이너 캐릭터가 1개 (0.7%)였다(<그림 3> 참조).

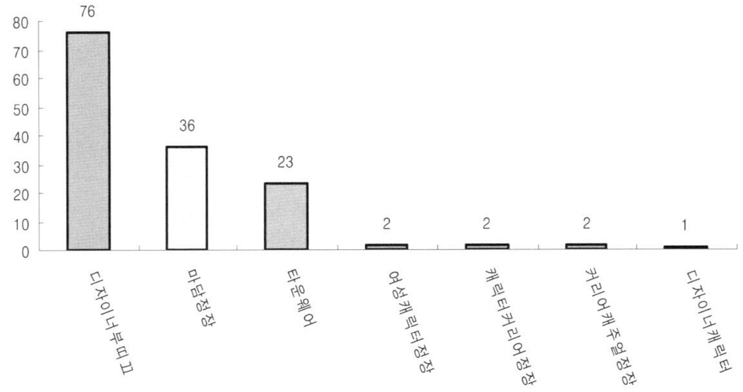

〈그림 3〉 여성의류 전문브랜드 분석 결과

여성의류 전문브랜드 리스트

한글브랜드	영문브랜드	회사명	복 종	조 닝	전개형태	도입연도
앙스모드	ANSMODE	한아인터내셔널	여성복	디자이너부띠끄	내셔널브랜드	1975년
강숙희	KANG SOOK HI	강숙희레이디웨어	여성복	디자이너부띠끄	디자이너브랜드	1969년
강희숙	KANG HEE SOOK	케이에이치제이	여성복	디자이너부띠끄	디자이너브랜드	1972년
김동순울티모	KIM DONGSOON ULTIMO	울티모유통	여성복	디자이너부띠끄	디자이너브랜드	1983년
김민지컬렉션	KIMMINJI COLLECTION	김민지컬렉션	여성복	디자이너부띠끄	디자이너브랜드	1990년
김성실부띠끄	KIM SUNG SIL BOUTIQUE	김성실부띠끄	여성복	디자이너부띠끄	디자이너브랜드	1984년
김승자부띠끄	KIM SEUNG JA BOUTIQUE	선일산업	여성복	디자이너부띠끄	디자이너브랜드	1967년
김연주	KIM YEON JU	선용어패럴	여성복	디자이너부띠끄	디자이너브랜드	1976년

한글브랜드	영문브랜드	회사명	복 종	조 닝	전개형태	도입연도
김영주밀라노	KIM YOUNG JOO MILANO	케이와이제이패션	여성복	디자이너부띠끄	디자이너브랜드	1998년
김영주플라티늄	KIM YOUNG JOO PLATINUM	케이와이제이패션	여성복	디자이너부띠끄	디자이너브랜드	1998년
김인수	KIM IN SOO	김인수패션	여성복	디자이너부띠끄	디자이너브랜드	1983년
김철웅모드	KIM CHUL UNG MODE	김철웅모드	여성복	디자이너부띠끄	디자이너브랜드	1987년
김현영	KIM HYUN YOUNG	김현영부띠끄	여성복	디자이너부띠끄	디자이너브랜드	1981년
까르벤정	GGARBENJUNG	한나양행	여성복	디자이너부띠끄	디자이너브랜드	1979년
끌리오	CLIO	두환실업	여성복	디자이너부띠끄	디자이너브랜드	1985년
도나미	DONAMI	서호실업	여성복	디자이너부띠끄	디자이너브랜드	1977년
도미	DOMEE	도미	여성복	디자이너부띠끄	디자이너브랜드	1962년
드맹	DEMAIN	드맹	여성복	디자이너부띠끄	디자이너브랜드	1967년
미스김테일러	MISS KIM TAYLOR	미스김테일러	여성복	디자이너부띠끄	디자이너브랜드	1971년
미스지콜렉션	MISSGEE COLLECTION	미스지콜렉션	여성복	디자이너부띠끄	디자이너브랜드	1989년
미조	MIJO	미조	여성복	디자이너부띠끄	디자이너브랜드	1968년
박동준패션	PARK DONG JUN FASHION	박동준패션	여성복	디자이너부띠끄	디자이너브랜드	1978년
박혜숙	PARK HEA SOOK	백승인터내셔날	여성복	디자이너부띠끄	디자이너브랜드	1971년
배용	BAE YONG	배용패션	여성복	디자이너부띠끄	디자이너브랜드	1971년
변지유부띠끄	BYUN,G,U BOUTIQUE	변지유부띠끄	여성복	디자이너부띠끄	디자이너브랜드	1972년
부르다문	BURDA MOON	부르다문	여성복	디자이너부띠끄	디자이너브랜드	1995년
비씨꾸뜨르	BC COUTURE	비씨씨	여성복	디자이너부띠끄	디자이너브랜드	1992년
사라심	SARAH SIM	베라카	여성복	디자이너부띠끄	디자이너브랜드	1990년
사루비아부띠끄	SALUBIA BUTIQUE	사루비아부띠끄	여성복	디자이너부띠끄	디자이너브랜드	1980년

한글브랜드	영문브랜드	회사명	복 종	조 닝	전개형태	도입연도
서순남콜렉션	SEO SOON NAM COLLECTION	서순남콜렉션	여성복	디자이너부띠끄	디자이너브랜드	1975년
서정기	SUH JUNG GI	서정기부띠끄	여성복	디자이너부띠끄	디자이너브랜드	1990년
설윤형	SUL YUN HYOUNG	설윤형	여성복	디자이너부띠끄	디자이너브랜드	1976년
손석화부띠끄	SOHN SEOK HWA	모라양행	여성복	디자이너부띠끄	디자이너브랜드	1982년
손정완	SON JUNG WAN	손정완	여성복	디자이너부띠끄	디자이너브랜드	1986년
쉐리김	CHELEEKIM	쉐리김	여성복	디자이너부띠끄	디자이너브랜드	1980년
쉐바	SHEBA	제이에스상사	여성복	디자이너부띠끄	디자이너브랜드	1990년
신민화컬렉션	SHIN MIN WHA COLLECTION	신민화패션	여성복	디자이너부띠끄	디자이너브랜드	1980년
신장경	SHIN JANG KYOUNG	신장경트랜스모드	여성복	디자이너부띠끄	디자이너브랜드	1978년
안피가로	ANPIGARO	안피가로	여성복	디자이너부띠끄	디자이너브랜드	1987년
안혜영	AHN HAE YOUNG	로라	여성복	디자이너부띠끄	디자이너브랜드	1982년
앙드레김	ANDRE KIM	앙드레김	여성복	디자이너부띠끄	디자이너브랜드	1961년
애티튜드	ATTITUDE	행자원	여성복	디자이너부띠끄	디자이너브랜드	1970년
앤디앤뎁	ANDY & DEBB	앤디앤뎁	여성복	디자이너부띠끄	디자이너브랜드	1999년
에스키스콜렉션	ESQUISSE COLLECTION	에스키스콜렉션	여성복	디자이너부띠끄	디자이너브랜드	1978년
오뜨조명례	HAUTE JO MYUNG RYE	오뜨조명례	여성복	디자이너부띠끄	디자이너브랜드	1977년
오은환	OH EUN HWAN	오은환부띠끄	여성복	디자이너부띠끄	디자이너브랜드	1979년
옥동	OKDONG	옥동	여성복	디자이너부띠끄	디자이너브랜드	1973년
와이앤드엠 양성숙	Y & M YANG SUNG SOOK	와이엔드엠	여성복	디자이너부띠끄	디자이너브랜드	1987년
이광희	LEE KWANG HEE	이패션시스템	여성복	디자이너부띠끄	디자이너브랜드	1978년

한글브랜드	영문브랜드	회사명	복 종	조 닝	전개형태	도입연도
이규례부띠끄	LEE KYU RYE	이규례부띠끄	여성복	디자이너부띠끄	디자이너브랜드	1972년
이노센스	INNOCENCE	이노센스	여성복	디자이너부띠끄	디자이너브랜드	1988년
이동수오리지날	LEE DONG SOO ORIGINAL	이동수에프앤지	여성복	디자이너부띠끄	디자이너브랜드	1984년
이따리아나	ITALIANA	한혜자크리에이션스	여성복	디자이너부띠끄	디자이너브랜드	1972년
이미선부띠끄	LEE MI SUN	엠앤에스패션	여성복	디자이너부띠끄	디자이너브랜드	1983년
이상봉	LIE SANG BONG	이상봉	여성복	디자이너부띠끄	디자이너브랜드	1985년
이영주부띠끄	LEE YOUNG JOO BOUTIQUE	이영주콜렉션	여성복	디자이너부띠끄	디자이너브랜드	1995년
이영희	LEE YOUNG HEE	매종드이영희	여성복	디자이너부띠끄	디자이너브랜드	2004년
이영희프리젠트	LEE YOUNG HEE PRESENTS	이영희프리젠트	여성복	디자이너부띠끄	디자이너브랜드	1984년
이원재	LEE WON JAE	원재패션	여성복	디자이너부띠끄	디자이너브랜드	1968년
임선옥	IMSEONOC	이고	여성복	디자이너부띠끄	디자이너브랜드	2003년
전영임	JUN YOUNG IM	전영임부띠끄	여성복	디자이너부띠끄	디자이너브랜드	1983년
제이알	J.R	재림패션	여성복	디자이너부띠끄	디자이너브랜드	1987년
조이앙스콜렉션	JOYANCE COLLECTION	조이앙스콜렉션	여성복	디자이너부띠끄	디자이너브랜드	1986년
조이연	CHO E YEON	조이연에이디인터내셔널	여성복	디자이너부띠끄	디자이너브랜드	1990년
진주	JINJU	진주패션	여성복	디자이너부띠끄	디자이너브랜드	1981년
최수아	CHOI SOO A	예광실업	여성복	디자이너부띠끄	디자이너브랜드	1987년
최연옥	CHOI YEN OK	씨인터내셔널	여성복	디자이너부띠끄	디자이너브랜드	1984년
쿠치니	CUCCINI	희원실업	여성복	디자이너부띠끄	디자이너브랜드	1979년
트로아	TROA	규성	여성복	디자이너부띠끄	디자이너브랜드	1987년
파리	PARIS	파리의상실	여성복	디자이너부띠끄	디자이너브랜드	1978년
패션스토리정훈종	FASHION STORY JUNG HUN JONG	정훈종패션	여성복	디자이너부띠끄	디자이너브랜드	1996년

한글브랜드	영문브랜드	회사명	복 종	조 닝	전개형태	도입연도
프랑소와즈	FRANSOISE	진태옥	여성복	디자이너부띠끄	디자이너브랜드	1992년
프리밸런스	FREE BALANCE	주경	여성복	디자이너부띠끄	디자이너브랜드	1991년
헬렌앤팜스	HELEN & FARMS	김혜련부띠끄	여성복	디자이너부띠끄	디자이너브랜드	2006년
황윤주부띠끄	HWANG YOON JOO BOUTIQUE	황윤주부띠끄	여성복	디자이너부띠끄	디자이너브랜드	1968년
비엘라	BIELLA	비엘라	여성복	디자이너부띠끄	직수입브랜드	1996년
마리아밀즈	MARIA MILLS	비전인터내셔날	여성복	디자이너캐릭터	디자이너브랜드	2002년
금란세	KUM RAN SE	금란세	여성복	마담정장	내셔널브랜드	1988년
까르뜨	CARTE	마리오	여성복	마담정장	내셔널브랜드	1980년
나래	NARAE	애일물산	여성복	마담정장	내셔널브랜드	1980년
노블	NOBLE	노블라인	여성복	마담정장	내셔널브랜드	1984년
로잔	LOUJAN	로잔어패럴	여성복	마담정장	내셔널브랜드	1987년
리베도	REVEDO	리베도	여성복	마담정장	내셔널브랜드	1989년
모드아이	MODE EYE	중원어패럴	여성복	마담정장	내셔널브랜드	1984년
모라도	MORADO	모라도	여성복	마담정장	내셔널브랜드	1972년
베아뜨리체	BEATRICE	재경상사	여성복	마담정장	내셔널브랜드	1984년
벨리시앙	BELISSIANG	진성이노베이션	여성복	마담정장	내셔널브랜드	1991년
쉐르담	CHERE DAME	미산실업	여성복	마담정장	내셔널브랜드	1996년
쉐르치	SHWAEREUC HEE	쉐르치	여성복	마담정장	내셔널브랜드	1989년
실크로드	SILK ROAD	청운통상실크로드	여성복	마담정장	내셔널브랜드	1977년
아고라	AGORA	아고라	여성복	마담정장	내셔널브랜드	1984년
아투쎄	ASTUCES	제이앤케이인터내셔날	여성복	마담정장	내셔널브랜드	1998년
야제르	JAZER	수은실업	여성복	마담정장	내셔널브랜드	1999년
에스깔리에	ESCALIER	에스깔리에	여성복	마담정장	내셔널브랜드	1991년
오딧세이	ODYSSEY	비앤비	여성복	마담정장	내셔널브랜드	1990년
윤모드	YUN MODE	윤모드	여성복	마담정장	내셔널브랜드	1983년
이헌영	LEE HUN YOUNG	헌영상사	여성복	마담정장	내셔널브랜드	1989년

한글브랜드	영문브랜드	회사명	복 종	조 닝	전개형태	도입연도
정호진니트	JUNG HO JIN KNIT	정호진니트	여성복	마담정장	내셔널브랜드	1976년
팔로마	PALOMA	팔로마	여성복	마담정장	내셔널브랜드	1989년
폭스레이디	FOX LADY	세라어패럴	여성복	마담정장	내셔널브랜드	1990년
휴리나	FURINA	휠텍스	여성복	마담정장	내셔널브랜드	2003년
마담엘레강스	MADAME ELEGANCE	영도실업	여성복	마담정장	디자이너브랜드	1986년
마담포라	MADAM POLLA	마담포라	여성복	마담정장	디자이너브랜드	1978년
미미콜렉션	MI MI COLLECTION	미미콜렉션	여성복	마담정장	디자이너브랜드	1971년
쉐르마젤	CHERE MASELLE	다림모드	여성복	마담정장	디자이너브랜드	1995년
이림스타일	LEE LIM STYLE	이림스타일	여성복	마담정장	디자이너브랜드	1973년
조하눅콜렉션	CHOHALUK COLLECTION	대정물산	여성복	마담정장	디자이너브랜드	2000년
최유미콜렉션	CHOI YOU MI COLLECTION	최유미콜렉션	여성복	마담정장	디자이너브랜드	1989년
칸쥬	CANEZOU	마블케이앤컴퍼니	여성복	마담정장	디자이너브랜드	2003년
케이디씨깜	K.D.C.GGAM	대경물산	여성복	마담정장	디자이너브랜드	1990년
닥스숙녀	DAKS LADIES	엘지패션	여성복	마담정장	라이센스브랜드	1983년
비앙카	BIANCA	비앙카	여성복	마담정장	직수입브랜드	1996년
존스메들리	JOHN SMEDLEY	한협통상	여성복	마담정장	직수입브랜드	2004년
예예콜렉션	YE YE COLLECTION	예예패션	여성복	여성캐릭터정장	디자이너브랜드	1986년
키미쿡	KIMM COOK	키미쿡패셔노피아	여성복	여성캐릭터정장	내셔널브랜드	2002년
드 / 바이	DE / BY	대경물산	여성복	캐릭터커리어정장	디자이너브랜드	2005년
쉬크리	CHIC LEE	쉬크리	여성복	캐릭터커리어정장	디자이너브랜드	1982년
이문희	LEE MOON HEE	문희어패럴	여성복	커리어캐주얼정장	내셔널브랜드	1996년

한글브랜드	영문브랜드	회사명	복 종	조 닝	전개형태	도입연도
루비나	RUBINA	루비나부띠끄	여성복	커리어캐주얼 정장	디자이너브랜드	1980년
디바인햇	DIVINE HAT	세정	여성복	타운웨어	내셔널브랜드	2002년
라그란	RAGLAN	태영상사	여성복	타운웨어	내셔널브랜드	1985년
마이스타일	MY STYLE	마이어패럴	여성복	타운웨어	내셔널브랜드	1992년
몽스틸	MONGSTIL	몽스틸어패럴	여성복	타운웨어	내셔널브랜드	1995년
비발디	VIVALDI	비발디	여성복	타운웨어	내셔널브랜드	1985년
비방뜨	VIVANTE	김철노패션	여성복	타운웨어	내셔널브랜드	1984년
쁘리메로	PRIMERO	세정	여성복	타운웨어	내셔널브랜드	2001년
시스막스	SYSMAX	초아산업	여성복	타운웨어	내셔널브랜드	1995년
씨엔엘	C & L	씨엔엘	여성복	타운웨어	내셔널브랜드	1997년
앙비송	AMBITION	앙비송	여성복	타운웨어	내셔널브랜드	1991년
앤섬	ANTHEM	세정	여성복	타운웨어	내셔널브랜드	2000년
엔젤패션	ANGEL FASHION	지영의류	여성복	타운웨어	내셔널브랜드	1983년
올포유	ALLFORYOU	한성에프아이	여성복	타운웨어	내셔널브랜드	1999년
우바	UVA	진도F&	여성복	타운웨어	내셔널브랜드	1991년
이브리오	EVELIO	동신섬유	여성복	타운웨어	내셔널브랜드	1987년
인디안	INDIAN	세정	여성복	타운웨어	내셔널브랜드	1974년
크리에타	CREATOR	창조실업	여성복	타운웨어	내셔널브랜드	1987년
피어나	PIENA	영일레포츠	여성복	타운웨어	내셔널브랜드	1998년
전상진패션	JEON SANG JIN	전상진패션	여성복	타운웨어	디자이너브랜드	1978년
최복호	CHOIBOKO	최복호패션	여성복	타운웨어	디자이너브랜드	1975년
허윤정컬렉션	HUR YOON JEONG COLLECTION	리치어패럴	여성복	타운웨어	디자이너브랜드	1972년
기라로쉬	GUY LOROCHE	패션바라	여성복	타운웨어	라이센스브랜드	2005년
프레드릭까스떼	FREDERIC CASTET	에프까스떼	여성복	타운웨어	라이센스브랜드	2003년

4. 남성의류 전문브랜드

남성의류 전문브랜드를 분석한 결과, 전체 91개 중 신사정장 56개
(61.5%), 드레스셔츠 35개(38.5%)였으며, 이를 그림으로 나타내면 다
음과 같다.

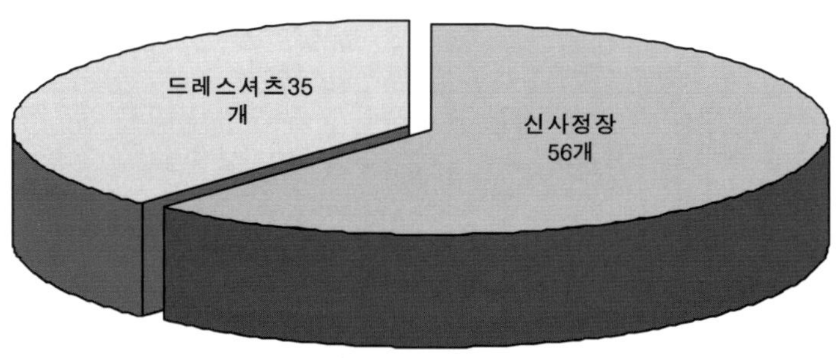

〈그림 4〉 남성의류 전문브랜드 분석 결과

남성의류 전문브랜드 리스트

한글브랜드	영문브랜드	회사명	복 종	조 닝	전개형태	도입연도
로얄	ROYAL	로얄비엔비	남성복	드레스셔츠	내셔널브랜드	1969년
바찌	VACCI	바찌인터내셔날	남성복	드레스셔츠	내셔널브랜드	2005년
벨그라비아	BELGRAVIA	클리포드	남성복	드레스셔츠	내셔널브랜드	2004년
아이핏	IFIT	우성아이앤씨	남성복	드레스셔츠	내셔널브랜드	2006년
에스티코	STCO	에스티오	남성복	드레스셔츠	내셔널브랜드	2004년
예작	YEZAC	우성아이앤씨	남성복	드레스셔츠	내셔널브랜드	1998년
젠리코	ZENRICO	젠리코	남성복	드레스셔츠	내셔널브랜드	2000년
키미쿡	KIMMY COOK	키미쿡패셔노피아	남성복	드레스셔츠	내셔널브랜드	2005년
기라로쉬	GUY LAROCHE	제이티에프앤씨	남성복	드레스셔츠	라이센스브랜드	2005년
까르방	CARVEN	한솔셔츠	남성복	드레스셔츠	라이센스브랜드	2005년
니꼴생질리	NICOLE ST GILLES	엘엠	남성복	드레스셔츠	라이센스브랜드	2002년
니나리찌	NINA RICCI	쌈솔	남성복	드레스셔츠	라이센스브랜드	1998년
닥스	DAKS	우성아이앤씨	남성복	드레스셔츠	라이센스브랜드	1993년
더 셔츠 스튜디오	THE SHIRTS STUDIO	모브	남성복	드레스셔츠	라이센스브랜드	2000년
란체티	LANCETTI	삼명아이앤씨	남성복	드레스셔츠	라이센스브랜드	2002년
레노마	RENOMA	진영어패럴	남성복	드레스셔츠	라이센스브랜드	1995년
루이까또즈	LOUIS QUATORZE	로얄비엔비	남성복	드레스셔츠	라이센스브랜드	2005년
미치코런던	MICHKO LONDON	씨앤에스크리에이션	남성복	드레스셔츠	라이센스브랜드	2004년
아날도바시니	ARNALDO BASSINI	삼명아이앤씨	남성복	드레스셔츠	라이센스브랜드	2003년
아쿠아스큐텀	AQUASCUTUM	클리포드젠트	남성복	드레스셔츠	라이센스브랜드	1996년
애로우	ARROW	코디아트	남성복	드레스셔츠	라이센스브랜드	2000년
에 스티 듀 퐁 셔츠	S.T DUPONTSHIRTS	에스제이듀코	남성복	드레스셔츠	라이센스브랜드	2003년
엘레강스파리	ELEGANCE PARIS	한양인터내셔날	남성복	드레스셔츠	라이센스브랜드	2005년

한글브랜드	영문브랜드	회사명	복 종	조 닝	전개형태	도입연도
엘사	ELSA	삼명아이앤씨	남성복	드레스셔츠	라이센스브랜드	2004년
조르지오페리	GIORGIO FERRI	우성아이앤씨	남성복	드레스셔츠	라이센스브랜드	2001년
찰스쥬르당	CHARLES JOURDAN	주영	남성복	드레스셔츠	라이센스브랜드	2003년
카운테스마라	COUNTESS MARA	클리포드젠트	남성복	드레스셔츠	라이센스브랜드	1982년
크리스찬오자르	CHRISTIAN AUJARD	유진티앤에스	남성복	드레스셔츠	라이센스브랜드	1998년
티노코스마	TINO COSMA	에스와이어패럴	남성복	드레스셔츠	라이센스브랜드	2003년
파코라반	PACORABANNE	태양어패럴	남성복	드레스셔츠	라이센스브랜드	1993년
피에르가르뎅	PIERRE CARDIN	로얄비엔비	남성복	드레스셔츠	라이센스브랜드	1984년
하디에이미	HARDY AMIES	에스와이어패럴	남성복	드레스셔츠	라이센스브랜드	1999년
마스큘린	MASCULIN	주영	남성복	드레스셔츠	직수입브랜드	2005년
알떼아	ALTEA	노이마케팅	남성복	드레스셔츠	직수입브랜드	2004년
앤드류스타이	ANDREW' S TIES	에이티커머스	남성복	드레스셔츠	직수입브랜드	2004년
갤럭시	GALAXY	제일모직	남성복	신사정장	내셔널브랜드	1983년
그란체스터	GRANCHESTER	인컴퍼니	남성복	신사정장	내셔널브랜드	1990년
더슈트하우스	THE SUIT HOUSE	캠브리지	남성복	신사정장	내셔널브랜드	2002년
라모드	RAMODE	라모드어패럴	남성복	신사정장	내셔널브랜드	1990년
로가디스	ROGATIS	제일모직	남성복	신사정장	내셔널브랜드	1980년
마렌지오	MARENZIO	마렌지오	남성복	신사정장	내셔널브랜드	1991년
마르퀴스	MARQIS	마르퀴스에프앤디	남성복	신사정장	내셔널브랜드	2002년
마에스트로	MAESTRO	엘지패션	남성복	신사정장	내셔널브랜드	1986년
맨스타	MANSTAR	코오롱패션	남성복	신사정장	내셔널브랜드	1983년
미켈란젤로	MICHELANGELO	미켈란젤로	남성복	신사정장	내셔널브랜드	1982년
바쏘	BASSO	에스지위카스	남성복	신사정장	내셔널브랜드	1990년

한글브랜드	영문브랜드	회사명	복 종	조 닝	전개형태	도입연도
발루찌	VALUZI	발루찌컴퍼니	남성복	신사정장	내셔널브랜드	2004년
보스렌자	VOSLENZA	보스렌자	남성복	신사정장	내셔널브랜드	1989년
본막스	BONMAX	부에노	남성복	신사정장	내셔널브랜드	1988년
브렌우드	BRENTWOOD	캠브리지	남성복	신사정장	내셔널브랜드	1989년
빌리디안클래식	VIRIDIAN CLASSIC	지엔에스에프	남성복	신사정장	내셔널브랜드	1990년
빌리켄	BILLIKEN	원신	남성복	신사정장	내셔널브랜드	1997년
빌트모아	BILTMORE	빌트모아	남성복	신사정장	내셔널브랜드	1988년
솔루스	SOLUS	뇌성	남성복	신사정장	내셔널브랜드	1977년
스피노자	SPINOZA	타브로	남성복	신사정장	내셔널브랜드	1997년
아르페지오	ARPEGGIO	코오롱패션	남성복	신사정장	내셔널브랜드	2002년
알베로	ALBERO	엘지패션	남성복	신사정장	내셔널브랜드	2003년
앤드류알도로시	ANDREW AL DOROSSY	에스와이엠에스	남성복	신사정장	내셔널브랜드	2006년
어테인	ATTAIN	어테인	남성복	신사정장	내셔널브랜드	2005년
에스쁘렌도	ESPRENDOR	금강	남성복	신사정장	내셔널브랜드	1994년
에스테노	STENO	에스테노	남성복	신사정장	내셔널브랜드	2005년
오델로	OTHELLO	오델로	남성복	신사정장	내셔널브랜드	1990년
젠트웰	GENTWELL	지앤지	남성복	신사정장	내셔널브랜드	2003년
지오투	GGIO II	코오롱패션	남성복	신사정장	내셔널브랜드	2002년
카리스마	CHARISMA	패션야후	남성복	신사정장	내셔널브랜드	1999년
칼립소	CALYPSO	씨와이에스	남성복	신사정장	내셔널브랜드	1990년
캠브리지멤버스	CAMBRIDGE MEMBERS	캠브리지	남성복	신사정장	내셔널브랜드	1966년
클럽유니크로스	CLUB UNICROSS	유니크로스	남성복	신사정장	내셔널브랜드	1996년
타운젠트	TOWNGENT	엘지패션	남성복	신사정장	내셔널브랜드	1990년
트래드클럽	TRAD CLUB	트래드클럽 & 21	남성복	신사정장	내셔널브랜드	1987년
트레몰로	TREMOLO	세정	남성복	신사정장	내셔널브랜드	2005년
트루젠	TRUGEN	나산	남성복	신사정장	내셔널브랜드	1995년
티엔지티	TNGT	엘지패션	남성복	신사정장	내셔널브랜드	2003년
파크랜드	PARKLAND	파크랜드	남성복	신사정장	내셔널브랜드	1988년

한글브랜드	영문브랜드	회사명	복 종	조 닝	전개형태	도입연도
헤리스톤	HARRIS TONE	굿컴퍼니	남성복	신사정장	내셔널브랜드	2003년
이신우옴므	ICINOO HOMME	다하미	남성복	신사정장	디자이너브랜드	1992년
카루소	CARUSO	카루소	남성복	신사징장	디사이너브랜느	1987년
까르방	CARVEN	까르방	남성복	신사정장	라이센스브랜드	2005년
뉴요커	NEW YORKER	부에노	남성복	신사정장	라이센스브랜드	2006년
니나리찌	NINA RICCI	원풍물산	남성복	신사정장	라이센스브랜드	1999년
닥스신사	DAKS MENS	엘지패션	남성복	신사정장	라이센스브랜드	1982년
란체티	LANCETTI	지엔에스에프	남성복	신사정장	라이센스브랜드	2000년
빨질레리	PAL ZILERI	제일모직	남성복	신사정장	라이센스브랜드	1989년
오마샤리프	OMAR SHARIP	에스앤지패션	남성복	신사정장	라이센스브랜드	2002년
제임스에드몬드	JAMES EDMOND	제이이코리아	남성복	신사정장	라이센스브랜드	1989년
지방시	GIVENCHY	제일모직	남성복	신사정장	라이센스브랜드	1992년
크리스찬오자르	CHRISTIAN AUJARD	지엔에스에프	남성복	신사정장	라이센스브랜드	2003년
킨록앤더슨	KINLOCHANDERSON	원풍물산	남성복	신사정장	라이센스브랜드	2000년
파코라반	PACORABANNE FORMAL	미도	남성복	신사정장	라이센스브랜드	1994년
폴스튜어트	PAUL STUART	미도	남성복	신사정장	라이센스브랜드	2002년
피에르가르뎅	PIERRE CARDIN	미도	남성복	신사정장	라이센스브랜드	1987년

부 록 2: 패션 기업의 인터넷 혁신도입 설문지

안녕하세요?
바쁘신 중에도 귀중한 시간을 할애해 주셔서 깊은 감사를 드립니다.

본 설문지는 패션기업의 인터넷 유통경로 수용의도 및 성과 연구를 위하여 작성된 것으로, 한국학술진흥재단의 지원에 의하여 수행되는 연구 논문의 자료 수집이 목적입니다.

응답 내용은 통계분석을 위한 자료로만 활용되고, 개인정보 보호법에 의해 다른 용도로 사용되거나 개인에게 누출되지 않을 것을 약속드립니다. 귀하의 성실한 답변이 귀중한 자료가 되오니 각 문항을 잘 읽으시고 빠짐없이 응답하여 주시면 감사드리겠습니다.

2007년   11월

지원기관: 한국학술진흥재단(학술연구교수지원사업)
연구자: 중앙대학교 의류학과 학술연구교수 이 은 진
연락처: nefa12@hanmail.net

Ⅰ. 본 설문은 패션 기업의 디자이너와 MD, 인터넷, 기획 및 영업 등의 담당자를 대상으로 합니다. 귀하가 근무하시는 패션 기업에서는 **인터넷 유통을 어느 정도 도입**하고 있습니까? 다음 중 해당하는 곳에 표시(√)해 주세요.

구 분		표시란(V)
1	이미 도입하고 있다(도입한다는 가정하에 설문을 진행해 주세요)	
2	도입을 고려하고 있다	
3	도입에 대한 계획을 수립하였다	
4	도입할 의사가 없다(의사가 없으셔도 계속 설문을 진행해 주세요)	

Ⅱ. 인터넷 유통을 도입하고 있다면, **언제 도입**하였습니까?(직접 기입)

_______________년

인터넷 유통이란? 인터넷 패션 소비자를 대상으로 하는 B2C 형태의 유통으로서, 패션 기업이 자체 쇼핑몰이나 인터넷 종합쇼핑몰(인터파크, 삼성몰 등), 오픈마켓(옥션, G마켓 등), 패션전문 종합쇼핑몰 등을 통하여 소비자에게 상품 및 서비스를 판매하는 것입니다.

Ⅲ. 다음은 **귀사의 인터넷 활용 여부**에 관한 내용입니다. 각 항목을
자세히 읽으신 후, 인터넷 활용여부를 '예' 혹은 '아니오'로 표시
(√)해 주세요.

	인터넷 활용유형	활용여부(V표시)	
		예	아니오
1	on-line 전문 인터넷 종합쇼핑몰(인터파크, 삼성몰 등) 입점		
2	on / off 병행 백화점 인터넷쇼핑몰(롯데닷컴, e현대 등) 입점		
3	on / off 병행 TV홈쇼핑 인터넷쇼핑몰(GSeshop, CJ몰 등) 입점		
4	오픈마켓(옥션, G마켓 등) 입점		
5	패션전문 종합쇼핑몰(패션플러스, 오가게, 하프클럽 등) 입점		
6	자체 쇼핑몰 구축		
7	인터넷을 기업홍보, 고객관리, 정보제공 사이트로만 활용		
8	인터넷을 전혀 활용하지 않음		
9	기타(직접기입)		

Ⅳ. 다음은 인터넷을 마케팅 혹은 상거래 도구로 도입할 때 인지되는 **환경특성**에 관한 내용입니다. 각 항목을 자세히 읽으신 후, 귀하의 동의 정도에 표시(√)해 주세요.

번호	항 목	전혀 그렇지 않다 ①	그렇지 않다 ②	보통 이다 ③	그렇다 ④	매우 그렇다 ⑤
※(1-4) 다음은 인터넷 도입 시 인지되는 **대내적 압력**에 관한 내용입니다.						
1	내부 임직원들이 인터넷 도입을 강하게 주장한 적이 있다					
2	내부 임직원들이 인터넷 도입의 필요성을 느끼고 있다					
3	직원의 대부분이 인터넷 도입을 원하고 있다					
4	직원들이 인터넷 도입의 중요성을 역설한 적이 있다					
※(5-9) 다음은 인터넷 도입 시 인지되는 **대외적 압력**에 관한 내용입니다.						
5	경쟁업체에서 인터넷을 적극적으로 운영하고 있다					
6	인터넷을 도입하는 경쟁업체의 수가 증가하였다					
7	주요 거래업체에서 인터넷 도입을 강하게 요청하고 있다					
8	인터넷을 도입하는 주요 거래업체의 수가 증가하였다					
9	인터넷 도입을 원하는 고객의 수가 증가하였다					
※(10-14) 다음은 인터넷 도입 시 인지되는 **시장불확실성**에 관한 내용입니다.						
10	우리 회사의 주력상품에 대한 시장상황은 불안정한 편이다					
11	우리 회사의 주력상품에 대한 시장에서의 경쟁 정도는 치열한 편이다					
12	우리 회사의 주력상품에 대한 고객의 수요는 변동적이다					
13	우리 회사가 속한 업계에서는 가격할인이 자주 일어난다					

Ⅴ. 다음은 인터넷을 마케팅 혹은 상거래 도구로 도입할 때 인지되는 **조직특성**에 관한 내용입니다. 각 항목을 자세히 읽으신 후, 귀하의 동의 정도에 표시(√)해 주세요.

번호	항 목	전혀 그렇지 않다 ①	그렇지 않다 ②	보통 이다 ③	그렇다 ④	매우 그렇다 ⑤
※(1-5) 다음은 인터넷 도입을 위한 **최고경영층의 지원**에 관한 내용입니다.						
1	최고경영층은 인터넷 도입에 대한 확고한 신념 및 비전을 갖고 있다					
2	최고경영층은 인터넷 도입을 위한 전폭적인 재무적 지원을 할 것이다					
3	최고경영층은 인터넷 도입에 따른 위험을 기꺼이 감수할 것이다					
4	최고경영층은 인터넷 도입을 위해 새로운 경영기법을 도입할 것이다					
5	최고경영층은 인터넷 도입을 위해 새로운 기술정보를 도입할 것이다					
※(6-9) 다음은 인터넷 도입을 위한 **조직역량**에 관한 내용입니다.						
6	우리 회사는 인터넷 도입을 위한 전문적인 기술 및 노하우를 확보할 수 있다					
7	우리 회사는 인터넷 도입을 위한 하드웨어와 소프트웨어를 충분히 확보할 수 있다					
8	우리 회사는 인터넷 도입을 위한 재무적 지원 및 자원이 충분하다					
9	우리 회사는 인터넷 도입을 위한 전문 인력을 확보할 수 있다					
※(10-13) 다음은 인터넷 도입을 위한 **미래시장 지향성**에 관한 내용입니다.						
10	우리 회사는 현재보다 미래의 비전을 강조한다					
11	우리 회사는 과거 성공에 의존하기보다는 미래지향적이다					
12	우리 회사는 경쟁사에 비해 미래지향적인 편이다					
13	우리 회사는 미래 잠재성보다 과거 성과를 중시한다					

Ⅵ. 다음은 인터넷을 마케팅 혹은 상거래 도구로 도입할 때 인지되
는 **이익특성**에 관한 내용입니다. 각 항목을 자세히 읽으신 후,
귀하의 동의 정도에 표시(√)해 주세요.

번호	항 목	전혀 그렇지 않다 ①	그렇지 않다 ②	보통 이다 ③	그렇다 ④	매우 그렇다 ⑤
※(1-4) 다음은 인터넷 도입 시 인지되는 **경영성과 향상**에 관한 내용입니다.						
1	시장점유율이 증가할 것이다					
2	수익성이 개선될 것이다					
3	현금(자금) 흐름이 향상될 것이다					
4	매출증가를 통한 경쟁우위가 강화될 것이다					
※(5-8) 다음은 인터넷 도입 시 인지되는 **고객관계관리**에 관한 내용입니다.						
5	고객과의 관계가 향상될 것이다					
6	양질의 고객서비스를 제공할 것이다					
7	고객관리 활동의 지원이 용이할 것이다					
8	고객에게 제품 / 서비스 정보 제공이 용이해질 것이다					
※(9-12) 다음은 인터넷 도입 시 인지되는 **경로특유의 장점**에 관한 내용입니다.						
9	장소나 시간에 상관없이 제품 / 서비스를 판매할 것이다					
10	다양한 인터넷 유통업체를 통해 제품 / 서비스를 판매할 것이다					
11	시간과 장소에 구애받지 않아 업무 효율성이 높아질 것이다					
12	전 세계의 소비자를 대상으로 판매할 수 있어 고객의 범위가 확대될 것이다					
※(13-16) 다음은 인터넷 도입 시 인지되는 **비용절감**에 관한 내용입니다.						
13	영업거래비용(유통업체 탐색, 계약, 협상, 조정)이 절감될 것이다					
14	재고관리비용이 절감될 것이다					
15	광고 및 판촉비용이 절감될 것이다					
16	고객관리비용이 절감될 것이다					

Ⅶ. 다음은 인터넷을 마케팅 혹은 상거래 도구로 도입할 때 인지되는 **장애**에 관한 내용입니다. 각 항목을 자세히 읽으신 후, 귀하의 동의 정도에 표시(√)해 주세요.

번호	항 목	전혀 그렇지 않다 ①	그렇지 않다 ②	보통 이다 ③	그렇다 ④	매우 그렇다 ⑤
※(1-6) 다음은 인터넷 도입 시 인지되는 장애요인 중 **제반비용**에 관한 내용입니다.						
1	초기투자비용(부서배치, 등록비용 등)이 발생할 것이다					
2	초기 시스템구축비용(서버, 네트워크 구축비용 등)이 발생할 것이다					
3	물류시스템 구축비용이 발생할 것이다					
4	유지비용(사이트 관리비, 인건비 등)이 발생할 것이다					
5	사이트 광고, 판촉 및 홍보비용이 발생할 것이다					
6	계속투자비용(시스템확장, 업그레이드비용 등)이 들 것이다					
※(7-10) 다음은 인터넷 도입 시 인지되는 장애요인 중 **전환비용**에 관한 내용입니다.						
7	기존 거래업체의 교체비용이 발생할 것이다					
8	새로운 거래업체의 탐색비용이 발생할 것이다					
9	거래업체 교체에 따른 고객손실비용이 발생할 것이다					
10	거래업체 교체로 인한 마케팅 및 판매비용이 발생할 것이다					
※(11-14) 다음은 인터넷 도입 시 인지되는 장애요인 중 **고객이탈**에 관한 내용입니다.						
11	고객이 경쟁업체로 이탈할 것이다					
12	고객이 경쟁업체의 인터넷 쇼핑몰로 이탈할 것이다					
13	고객의 이탈이 심각해질 것이다					
14	고객정보의 유출 가능성으로 인해 고객이탈이 발생할 것이다					
※(15-18) 다음은 인터넷 도입 시 인지되는 장애요인 중 **조직저항**에 관한 내용입니다.						
15	기존 판매원의 반발이 발생할 것이다					
16	대리점 등 기존 유통경로의 저항이 발생할 것이다					
17	사내 여러 부서 간의 갈등이 발생할 것이다					
18	사내 여러 부서의 저항이 발생할 것이다					

Ⅷ. 다음은 **인터넷 혁신도입**에 관한 내용입니다. 각 항목을 자세히 읽으신 후, 귀하의 동의 정도에 표시(√)해 주세요.

번호	항 목	전혀 그렇지 않다	그렇지 않다	보통 이다	그렇다	매우 그렇다
		①	②	③	④	⑤
1	우리 회사는 인터넷 유통경로를 지속적으로 도입할 가능성이 있다					
2	우리 회사는 인터넷 도입을 위해 기술시스템을 구축할 의사가 있다					
3	우리 회사는 인터넷 도입을 위해 재정적으로 투자할 의향이 있다					
4	우리 회사는 인터넷 도입을 위해 인적으로 투자할 의향이 있다					
5	우리 회사는 인터넷 도입을 위해 조직원들에게 기술정보의 사용을 권할 것이다					

Ⅸ. 다음은 **귀사의 유통경로 형태**에 대한 내용입니다. 귀사에서 취하고 있는 유통경로 형태에 대하여 '예' 혹은 '아니오'로 표시(√)해 주시고, 전체 유통경로 대비 상대적 비중을 직접 기입해 주세요(예, 대리점 50: 백화점 50＝100).

	유통경로 형태	활용여부(V표시)		비중(%, 직접기입)
		예	아니오	
1	대리점			
2	백화점			
3	(대형)할인점			
4	패션전문점			
5	카달로그 판매			

유통경로 형태	활용여부(V표시)		비중(%, 직접기입)
	예	아니오	
6 케이블TV 판매			
7 인터넷 판매			
8 기타(직접기입)			
전체 비중			100%

X. 다음은 **개인적 특성**에 관한 내용입니다. 항목별로 □에 표시하거나 직접 기입해 주세요.

1. 귀하의 **성별**은?
① 남 □   ② 여 □
2. 귀하의 **연령**은?
① 20대 □   ② 30대 □   ③ 40대 □   ④ 50대 이상 □
3. 귀하의 **결혼여부**는?
① 기혼 □   ② 미혼 □   ③ 기타(s)
4. 귀하의 **학력**은?
① 고졸 이하 □   ② 전문대 졸업 □   ③ 대학 졸업 □   ④ 대학원 이상 □
5. 귀하의 **경력**은?
① 3년 미만 □   ② 3~5년 □   ③ 6~10년 □   ④ 10년 이상 □
6. 귀하가 근무하는 **부서(담당 분야)**는?
(   )
7. 귀하의 **직책**은?
(   )
8. 귀하께서 근무하는 기업의 **대표 브랜드**는?
(   )
9. 귀하의 **근무 지역**은?
(   )시 (   )구

지금까지 성실하게 답변해주셔서 진심으로 감사드립니다.

· 저자 ·

이은진   •약 력•
(李銀珍)
            중앙대학교 생활과학대학 의류학과 수석졸업
            중앙대학교 대학원 의류학과 가정학석사(패션 마케팅전공)
            중앙대학교 대학원 가정학과 이학박사(패션 마케팅전공)
            패션컨설팅 및 컨텐츠 개발 (주)네파 대표 역임
            중앙대학교 생활문화산업연구소 선임연구원
            한국학술진흥재단 학문후속세대양성사업 책임연구원
            중앙대학교 생활과학대학 의류학과 학술연구교수

            •주요논저•

            「동대문 패션시장의 구조적 특성 분석을 통한 유통 활성화 정책 연구」
            「동대문 패션시장의 기술 활용 의도에 따른 QR시스템 효과에 대한 인식 연구」
            「서비스 품질 평가와 지각된 위험이 인터넷 쇼핑몰에서의 패션상품 구매의도
            에 미치는 영향 연구」
            「인터넷 쇼핑에서의 플로우 경험과 실용적 가치 지각이 패션상품 구매의도에
            미치는 영향 연구」
            「기업 대 기업(B to B) 간 섬유거래 웹 사이트 분석」
            「인터넷 쇼핑몰 유형에 따른 패션 머천다이저의 업무 차이 분석」
            「패션 Self 스타일링 Women's Wear」(공저)
            「패션 Self 스타일링 Men's Wear」(공저)
            「인터넷 패션 소비자의 플로우 경험」(저서)
            「패션상품과 인터넷 유통」(공저)
            「지역문화와 디지털콘텐츠」(공저) 외 다수

패션 기업의 인터넷 도입과 혁신

• 초판 인쇄	2008년 4월 21일
• 초판 발행	2008년 4월 21일
• 지 은 이	이은진
• 펴 낸 이	채종준
• 펴 낸 곳	한국학술정보㈜
	경기도 파주시 교하읍 문발리 513-5
	파주출판문화정보산업단지
	전화 031) 908-3181(대표) · 팩스 031) 908-3189
	홈페이지 http://www.kstudy.com
	e-mail(출판사업부) publish@kstudy.com
• 등 록	제일산-115호(2000. 6. 19)
• 가 격	24,000원

ISBN   978-89-534-8648-5 93590 (Paper Book)
        978-89-534-8649-2 98590 (e-Book)